黄河干流甘肃段降雨径流输沙关系研究

张 芮 曹 喆 戴文渊 著

黄河水利出版社

· 郑 州 ·

内容提要

本书共分为 8 章,主要内容包括绪论,黄河干流甘肃段区域概况,基础资料及可靠性分析,黄河干流甘肃段降水、径流、泥沙分布规律,下垫面情况,典型流域祖厉河降水、径流、泥沙分布规律,水利水保措施对黄河干流甘肃段水沙的影响分析,以及黄河干流甘肃段降雨径流输沙关系研究展望。

本书可供从事水利专业的技术人员、政府水土保持相关管理部门工作人员,以及水利水电工程和水资源规划及利用等专业的本科生和研究生参考使用。

图书在版编目(CIP)数据

黄河干流甘肃段降雨径流输沙关系研究/张芮,曹喆,戴文渊著. —郑州:黄河水利出版社,2024.2
ISBN 978-7-5509-3727-7

Ⅰ.①黄… Ⅱ.①张… ②曹…③戴… Ⅲ.①降雨径流-关系-河流输沙-研究-甘肃 Ⅳ.①TV152

中国版本图书馆 CIP 数据核字(2023)第 169391 号

策划编辑:陶金志 电话:0371-66025273 E-mail:838739632@qq.com

责任编辑	杨雯惠	责任校对	母建茹
封面设计	张心怡	责任监制	常红昕

出版发行 黄河水利出版社
地址:河南省郑州市顺河路49号 邮政编码:450003
网址:www.yrcp.com E-mail:hhslcbs@126.com
发行部电话:0371-66020550
承印单位 河南新华印刷集团有限公司
开 本 787 mm×1 092 mm 1/16
印 张 10.75
字 数 187 千字
版次印次 2024 年 2 月第 1 版 2024 年 2 月第 1 次印刷
定 价 85.00 元

前　言

　　黄河流域生态保护和高质量发展是重大国家战略。甘肃是黄河流域重要的水源涵养区和补给区,担负着黄河上游生态修复、水土保持和污染防治的重任。保障黄河的长治久安,就必须关注黄河水少沙多、水沙关系不协调的问题。

　　本书是在甘肃省水利厅水资源费项目、甘肃省水利科学试验研究及技术推广项目"黄河干流甘肃段降雨径流输沙与水利工程和水保措施关系研究(22GSLK047)"和甘肃农业大学水利工程学科"干旱灌区节水灌溉与水资源调控创新团队"建设项目的资助支持下,依托甘肃省自然科学基金项目(22JR5RA599)、甘肃省哲学社会科学规划项目(2022YB088)、甘肃省青年博士基金项目(2022QB-120)等科研项目,以黄河流域干流甘肃段为研究对象,研究分析流域径流量和输沙量之间的关系特征和变化趋势,揭示降雨、水利工程及水土保持措施对水沙关系的影响规律著作而成的。

　　本书由甘肃农业大学张芮、甘肃省水利厅水土保持中心曹喆和甘肃政法大学戴文渊撰写。参加本书项目研究工作的还有甘肃省水利科学研究院孙超,甘肃省水利厅水土保持中心王强、牟极、肖萍,甘肃农业大学卢小霞、高彦婷、张小艳、李雅娴、马亚丽、崔艳强、姚向东,甘肃省定西市临洮县水务局寇忠。本书的出版得到了黄河水利出版社的大力支持,在此一并致谢。

　　由于作者水平有限,书中难免会存在不足之处,敬请广大研究黄河流域生态保护和高质量发展的同仁和读者予以批评指正。

作　者

2023 年 10 月

目　录

第 1 章　绪　论

　　由于人类活动和气候变化影响,尤其近年来随着经济社会的迅速发展,区域水资源开发利用与水土保持治理措施同步加强,流域水文因素发生了重大变化。降雨时径流速度很快,雨水对土壤的冲刷侵蚀作用加剧,致使土壤肥力下降严重,土壤贫瘠与水土流失致使生态系统进入恶性循环。因此,实施水土保持措施有效治理水土流失,对生态环境保护意义重大。近几十年来,黄河干流甘肃段兴修了很多水利工程,水沙的时空分布发生了重大调整,流域内的淤地坝、水平梯田等农田基本建设显著增加,改变了流域下垫面条件,对流域汇流和土壤侵蚀产生了深远影响。

　　黄河流域降雨径流输沙关系及水利工程和水土保持措施的减水减沙作用一直是黄土高原地区学者研究的重要科学问题。水利工程和水土保持措施对黄河流域泥沙影响是一个比较复杂的问题,目前水文测验和水文计算的精度还不够高,雨量站点稀少,降雨时空分布不均匀,所收集的资料代表性有限,因此对计算结果有一定影响。当前大多数文献主要研究了 1996~2006 年黄河中游的减水减沙效应,近十多年的研究很少,但近年来水文因素已经发生了很大变化。因此,本书以黄河干流甘肃段水利水土保持规划区为研究对象,基于最新的水文资料系列,对实测径流与泥沙数据进行分析,结合水利水土保持措施数据,分析水文要素的变化规律和水利工程减水减沙作用,降雨径流输沙关系及典型流域的降水、水利工程、水土保持措施对水沙的相对贡献率,为流域水土流失治理和生态环境建设提供一定的理论支持与决策依据。

1.1　研究背景

　　黄河干流甘肃段降雨径流输沙关系研究,不仅是正确评估流域水利水土保持措施下的入黄水沙量,全面认识水资源开发利用对水沙条件的影响,而且是做好水土保持规划和流域规划的一项重要基础工作。黄河流域中游减水减沙效益相关研究较多,但大部分局限性很大,只研究了小区域或者单个的水利水土保持措施的减水减沙作用,而在大流域尺度上的相关研究很少,因此这个领域研究比较薄弱。加之由于降雨过程的多变性、水利水土保持措施的多样性、地面物质形态的复杂性、基本资料的准确性不高、计算方法不完善等诸多因素,对降雨径流输沙关系及水利水土保持措施减沙作用认识还存在分歧,特别是一些新问题、新情况不断发生,现阶段减沙作用尚待进一步分析论证。

黄河是我国第二大河,也是世界第五大河。黄河中游流经黄土高原,挟带了大量泥沙,是世界上含沙量最多的河流。水土流失是黄河含沙量大的主要原因,它蚕食着人们赖以生存的宝贵水土资源,是严重的环境和灾害问题,对人类的生存发展构成了一定威胁。严重的水土流失导致土壤及养分大量流失、土地的生产力下降、社会经济落后、人民生活困难,成为各地区社会经济持续、稳定、协调发展的制约因素。黄河输沙量变化历来是研究的重点,其中研究水土保持与黄河年输沙量的关系更是重点和热点话题。我国在水利水土保持方面取得了不错的成绩,创造了许多颇具特色的水土保持措施,如耕作措施、生物林草措施和水利工程措施。水利水土保持工程的兴建使得流域水资源利用、土地利用、土地覆盖条件发生了强烈变化,对流域水循环及泥沙运输产生了深刻的影响。因此,开展水利水土保持措施下流域降雨径流输沙关系研究具有重要意义。

降雨径流输沙关系研究对流域治理及水土保持工作具有重要意义,但目前相关研究主要是分析径流与输沙量变化关系,对黄河干流甘肃段径流降雨、水利工程、水土保持措施对水沙的相对贡献率等分析研究很少,尤其在修建水利水土保持工程后,黄河干流甘肃段径流量、输沙量和水沙关系演变趋势相关研究十分匮乏。因此,分析流域水利工程及水土保持措施实施下径流量和输沙量变化及水沙变化的规律,深入探讨生态建设的效益,对科学开展流域管理、水资源开发利用、水土保持规划等意义重大。

1.2　　国内外研究现状

1.2.1　水沙变化研究进展

人类活动和气候变化背景下流域水沙变化特征、环境变化与区域响应、水文水资源等领域的研究,受到了国内外学者的广泛关注,取得了丰硕成果。Milly 等研究发现,南美洲最南端和中纬度北美洲西部区域径流量呈减少趋势,而非洲大陆的东南部区域和欧亚大陆的北部区域径流量呈上升趋势,表明径流量的变化在不同国家和区域呈现出较大差别。Lin 等采用 Mann-Kendall 法评估了美国地区 395 个气候敏感型测流站实测径流的长期变化情况,发现美国大部分地区的河流径流量都呈现日益增长趋势。Zhang 等研究发现,在最近的 30~50 a,加拿大南部地区河流的年平均流量都呈现明显下降趋势,绝大多数月份的径流量呈现日益减小的趋势,其中 8 月和 9 月的径流量下降幅度最大。Shiklomanov 等研究发现,俄罗斯西部区域的河川径流量呈现增长趋势。

黄河是中华文明的摇篮,以占中国 2% 的河川径流量担负着全国 15% 的农田灌溉和 12% 的人口用水供给任务。黄河是中国第二大河,也是世界上泥沙含量最大的河流。受中游黄土高原地区沟壑纵横、植被稀疏、土质疏松等影响,加上降水时空分布不均,极端暴雨事件时常发生,区域水土流失严重,导致黄河流域水少沙多、含沙量高的特性。我国十分重视这些问题,中华人民共和国水利部在 1987 年专门设立了"黄河水沙变化研究基金"资助专项研究,并先后重点分析了黄河中上游主要支流泥沙的来源,水沙变化特点、原因和发展趋势,以及 1970~1996 年黄河中上游水土保持措施的减水减沙作用。"八五"国家重点科技攻关计划项目"黄河治理与水资源开发利用"项目分析了 20 世纪 80 年代黄河水沙变化原因,预测了水沙变化趋势;"九五"期间,"黄河中下游水资源开发利用和河道减淤清淤关键技术研究"项目分析了 20 世纪 90 年代黄河水沙变化特点及黄河水沙变化趋势;"十一五"期间,"黄河流域水沙变化情势评价研究"项目分析了流域 1997~2006 年水沙变化成因,预测了未来50 a 水沙变化情势;"十二五"期间,重点分析了黄河中游河川径流、泥沙减少的驱动机制。黄河流域径流量在过去的 100 年里基本呈阶梯式变化。HeY 等研究指出,1922~1932 年黄河流域上、中游径流量多年平均值为 156.9 亿 m^3,1933~1985 年增长为 229.2 亿 m^3,1986~2010 年,由于流域径流量大幅下降,仅为 128.5 亿 m^3。赵阳等对黄河代表水文站近 70 年实测径流量和输沙量的研究分析表明,兰州以下各站年径流量和年输沙量呈显著下降趋势。李二辉等基于实测资料,采用 M-K 检验等方法分析了黄河流域河口镇至龙门区间1957~2012 年径流量、输沙量的变化特征,认为研究区 56 年来径流量与输沙量均呈显著下降趋势,减小速率分别为 1.101 亿 m^3/a 和 0.195 亿 t/a;同时径流量和输沙量以 1979 年为界,呈突变性减少趋势。

近年来,随着兴建水利工程、实施大规模水土保持措施等,工程措施在除害兴利的同时,也严重改变了流域天然下垫面特征,引起黄河水沙特性的显著变化。柳莎莎等研究指出,受人类活动及气候变化的协同影响,黄河入海泥沙量急剧减少,由 1976~1996 年的 6.36 亿 t 降至 2000~2005 年的 1.50 亿 t。张建云等研究表明,头道拐、龙门和三门峡 3 个站点自 1990 年之后,实测径流量均小于多年平均值,2000 年之后,3 个水文站的实测径流量的下降趋势更为显著,降幅接近 40%。Chu 等研究了不同的变量因素对 1956~2014 年的吉迈水文站、玛曲水文站和唐乃亥水文站径流变化的影响,结果表明,1995 年前后,吉迈、玛曲和唐乃亥的径流量均发生了显著减小趋势,未来仍存在很大可能径流量将呈现持续减小趋势。

以上研究表明,在气候变化和人类活动的双重影响下,流域内的水沙变化特征在全球范围内都发生了比较明显的变化,而分析这种变化的趋势及其影响因素也成为相关学者研究的热点问题。

1.2.2　气候变化对水沙关系的影响

由于气候变化并非在全球范围内均匀的发生,因此气候变化对不同的国家或地区平均径流变化情况的影响程度不同。Regonda 等分析了美国西部地区 89 条河流近 50 年春季径流的变化特征,研究发现春季径流量与降水量相关性不高,温度升高导致融雪量增加是引起径流变化的主要原因。Minville 等研究了在温室气体排放造成气候变暖的大背景下,加拿大南部流域的径流量变化特征,结果表明,温度升高会引起流域春季融雪径流出现时间提前 1~5 周,引起春季洪峰流量变化 25%。Liang 等研究了中国 8 条大河输沙量对气候变化的响应,认为干旱地区气温升高、降水量减少会引起输沙量减少 4%~61%,并且 1% 的降水量变化会引起 2% 的输沙量改变。吕振豫等通过人工神经网络模型设置不同情景,研究了长江上游龙川江流域气候变化对输沙量的影响,结果表明随着温度的升高与降水的减少,流域输沙量会增多。Chiew 等采用降水径流模型研究了澳大利亚多个不同地理和气候类型区径流变化对气候的敏感性,表明径流对温度的敏感性较低,而对降水的敏感性高,且干旱地区径流对降水敏感性最高。Githui 等采用水文模型与全球气候模式研究了非洲东部肯尼亚 Nzoia 流域径流变化对气候的响应,结果表明,流域径流量变化受降水影响较大,温度对径流的影响很小,仅体现在春季融雪径流出现时间的改变。Labat 分析了全球 231 个水文站的径流量与全球气候变暖之间的关系,研究表明,全球径流量变化与全球温度变化同步,温度升高,径流量增大,温度每升高 10 ℃,径流量增加 4%。刘金玉等研究了土耳其东部的 15 条河流 1970~2010 年温度、降水和径流的关系,结果表明,由于温度升高,8 条河流的春季融雪径流发生时间提前了 9 d 左右。张调风等根据流域内 1966~2010 年水文气象数据,采用累积距平法、累积量斜率变化率法对湟水河流域径流量和气候变化特征及趋势进行了分析。结果表明,年降水量、蒸散发量和径流量总体均呈减少趋势,径流量的下降变幅为 0.1 亿 m³/10 a,具有 4 a、9 a 和 20 a 的准周期变化,且在 1987 年前后发生了突变。气候变化对湟水河流域径流减少的贡献率达 35.46%,人类活动改变了部分水循环的路径,对径流的减少起主导作用,贡献率为 64.54%。

以上研究表明,气候要素中降水量与气温的变化会引起流域内的水沙发生改变,温度升高会导致融雪量的增加,降水量的增加会使坡面汇流过程更容易形成,从而影响径流量发生变化。

1.2.3 人类活动对水沙变化的影响

关于流域水沙对人类活动响应方面,相关学者也做了大量的研究,取得了一些研究成果。如冉大川等采用水保法分析了 1997~2006 年河龙区不同水保措施减水减沙贡献率,得出坡面措施减沙贡献率为 54.5%,水利措施减水贡献率为 46.3%。王鸿斌等同样采用水保法计算了泾河流域水保措施的减水减沙作用,得出林地在坡面措施中减水减沙作用最明显,分别占坡面措施减水减沙量的 75.7% 和 74.1%。夏军等采用水文法分析了淮河流域径流对气候变化和人类活动的响应,结果表明:1985~1999 年,径流减少的主要因素是人类活动,其贡献率为 71.3%;2000~2009 年,径流增多的主要因素是气候变化,其贡献率为 8.4%。王宏等采用 EUROSEM 模型模拟了三峡库区王家桥小流域土壤侵蚀状况,结果表明,EUROSEM 模型对径流模拟效果较好,预测值和实测值较接近。张小文等采用 LISEM 模型对黄土高原西部高泉沟小流域径流输沙进行模拟,指出 LISEM 模型对历时短、强度高的降水模拟的径流输沙效果较好。Feng 等利用 WATEM/SEDEM 模型对陕北地区燕沟和羊圈沟输沙变化及其对土地利用的响应进行模拟,得出农业用地的减少是流域输沙量降低的主要原因。马龙等采用累积量斜率法定量分析了黄河流域内蒙古段气候变化和人类活动对径流变化量的贡献,结果表明:径流量多年来呈减少趋势,随降水的增加而增加,随平均气温的升高而减少;气候变化对径流减少的贡献率分别为 12.80% 和 23.46%;人类活动对径流减少的贡献率分别为 87.20% 和 76.54%。赵阳等以黄河干流潼关断面以上 4 个主要干流水文站的 1950~2016 年水沙实测资料为基础,采用双累积曲线等多种统计分析方法定量分析了气候变化和人类活动对水沙的影响程度,结果表明,兰州站年均径流量受气候影响较大,贡献率达到 66.57%。人类活动对黄河中游水沙锐减占据主导作用,平均贡献率达到 90% 以上。Hu 等利用黄河流域实测径流、输沙量的长系列资料,对流域实施水土保持前(1956~1969 年)、后(1970~1996

年)和近期(1997~2005年)河口镇—龙门区间水沙变化特征进行了系统研究,结果显示,水土保持措施实施后和近期天然径流量分别较治理前减少了33%和49%。马龙等以黄河流域内蒙古段典型支流旗下营、准格尔站点控制流域为基础,运用累积量斜率变化率比较法,分析了径流变化、气候变化和人类活动对径流变化量的贡献。结果表明,径流量多年来呈减少趋势,径流量随降水的增加而增加,随平均气温的升高而减少。李万志等根据1961~2015年黄河源区的观测数据,基于累积量斜率变化率分析法评估了气候和人类活动对黄河源区径流量减少的贡献率。结果表明,与基准期1961~1989年相比,在不考虑气温影响的情况下,气候变化和人类活动对黄河源区径流量变化的贡献率在1990~2008年分别为33%和67%,在2009~2015年分别为74%和26%。

以上研究表明,在量化分析水沙变化对人类活动的响应时,大多数学者倾向于运用累积量斜率变化率分析法,该方法可定量计算出气候变化与人类活动对水沙通量的贡献率。同时,也有相关学者通过建立水文模型来模拟水沙的变化。

1.2.4　降水量变化对径流量的影响

近年来,很多学者开始研究气候变化下水循环的变化过程、机制及其对水资源的影响和对策。Wang等就新疆地区流域的径流量对气候变化的敏感性进行了研究,指出降水等气候因子与径流变化存在较强的相关关系及同步变化趋势。Schneeberger等通过气候情景的设置研究表明,降水量变化会引起阿尔卑斯山流域的径流发生季节性变异。Sun等在对西昆仑山区提孜那甫河流域的研究中采用同位素分析和M-K检验法,表明降水量的增加会引起秋、冬季径流量的增加,冰雪融水、降雨和地下水对径流变化的贡献率分别为17%、43%和40%。大量研究表明径流量变化对气候的响应随着流域差异而不同,降水量在以降水为径流补给的流域内对径流影响较大,而在以冰川融雪为主的流域降水和气温的影响有差异,且南方以气候影响为主,而北方以人为活动为主。于磊、贾仰文等在相关研究中得出,降水量的增减可直接造成径流量的增减。李志等基于SWAT模型对黑河流域的研究表明,年均径流量变化幅度的区间为-19.8%~37.0%。於凡等在研究中指出,降水量变化使区域径流量呈现变化趋势。兰跃东等基于汾河的气候及径流资料采用数理统计模型进行研究,结果发现降水减少引起径流量减少,年均减少24.9%,其中降水对径流量减少的影响为16.3%。张国宏等在祖厉河上游水沙变化及其对降水与水保措施的响应对黄河流域的降水量和径流量的关系研究中发现,径流量与降水量呈现出较好的相关性。徐浩杰等对疏勒河上游气候变化及径流量进行研究,结果表明,气候由暖干向暖湿变化,使上游地区径流量呈现显著增加趋势,且与降水量的季节性、年际变化特征相似;降水和冰雪融水变化主要影响春、夏季径流量。贺瑞敏等研究气候变化对海河流域径流量的影响,发现年降水量减少 10% 会使径流量减少 23%,而年降水量增加 10% 则会使径流量增加 26%。李澜等基于龙川江上游的降水和径流资料进行研究,表明降水对径流的影响较大,且对径流的影响随季节的变化而不同。高超等在相关研究中得出,淮河流域径流量对降水的敏感性较高。张连鹏等基于 Budyko 假设、TOPMODEL 模型结合研究气候变化对北洛河径流变化的影响,表明不同气候条件变化情况下月径流量变化差异明显,且降水量变化对径流量的影响要大于气温变化。卢璐等对金沙江流域的降水量、径流量及其季节性变化特征进行研究,结果表明,不同季节和年降水量与径流量呈良好的正相关关系。赖天锃等通过对东江流域的降水量对径流量变化的影响研究表明,降水量增加是引起径流量增加的主要原因。许炯心、王云璋等基于黄河流域近 50 a 降水、径流和水土保持措施等资料进行研究,发现降水对径流的影响程度在 20 世纪七八十年代不明显,90 年代以后为 10%~20%。杨志峰(2004)等利用 M-K 检验与小波分析方法相结合,对黄河流域径流量变化进行分析,结果表明径流量和降水发生突变的年份具有一致性,所以认为黄河流域径流量发生突变的根本原因是降水变化,采用模拟分析法研究发现降水变化对径流的影响为 50%,所以降水是影响径流变化的主要因素。代稳等对长江中游径流量变化及影响成因分析的研究发现,在 1961~2014 年径流呈线性减少趋势,且随降水量而变化;径流量变化中人类活动的贡献率明显高于降水变化。张利平等对永定河流域径流量变化的研究表明,20 世纪 80 年代流域径流减少量的贡献率中降水变化占 65.4%。

1.2.5 降水量对输沙量的影响

近年来,国内外学者在降水量对输沙量变化的影响方面开展了很多研究,结果表明,流域输沙量对降水量变化的响应具有显著的时空变异特征。田清等基于 M-K 检验、有序聚类、回归、累积距平等方法研究了五龙河流域的水沙变化特征,结果表明近 60 a 五龙河入海水沙总量均表现出阶段性减少的趋势,且减少的贡献率中降水变化的贡献率为 70%~80%。傅开道等对澜沧江下游河流泥沙量的研究表明,降水并不是引起河流泥沙量增加的原因。刘通等采用 M-K、Pettitt 检验和线性趋势方法,研究发现,20 世纪 90 年代以后,降水变化对西柳沟流域径流泥沙变化的影响并不强烈。柳莎莎等基于对比分析法、水文法对黄河中游输沙量进行研究,表明黄河泥沙减少的影响因素在 1951~2000 年主要是由降水变化引起的,在 2000 年以后由气候因素转变为人类活动。胡云华等采用 SWAT 模型分析嘉陵江流域水沙变化情况,表明嘉陵江流域在 1988~2010 年降水量对径流量和输沙量的影响较小,且降水对径流量、输沙量减少的贡献率分别为 23.81% 和 8.2%。降雨是气候因素中主要影响水沙变化的驱动因子。达兴等基于 Pettitt 检验、M-K 检验方法对丹江流域 1980~1989 年的水沙关系研究指出,在影响输沙量变化的因素中,降水变化对输沙量的变化作用为 60%。Langbein 和 Schumn 发现产沙和降雨遵循 Langbein-Schumn 曲线,但因流域内地理环境的不同会影响产沙量峰值,且降雨变化对产沙有很大影响。张长伟等对香溪河流域产流产沙进行研究,表明流域内降雨次数导致产沙累积的频度与降雨量之间遵循幂指数关系。在降水变化对流域水沙变化影响方面,李勇等从流域内的水沙资源开发利用和防洪减灾方面着手,对黄河中游干流河龙区间及典型支流各时期径流、输沙量、水沙变化过程和洪水、泥沙组成的变化特征进行分析,并对河龙区间及黄河中游在不同水土保持治理下的降水-径流-输沙及泥沙组成的变化规律进行了分析。刘春蓁等对近 50 a 海河流域 20 个子流域降水及径流的变化进行研究,应用 M-K 检验方法,结合气温、降水及径流的不同年代距平值分析以及径流量对气候变化的响应敏感性分析,提出影响径流量变化的三种情形:以气候向暖干变化为主,人类活动作为辅助导致径流显著减少;以气候变化为辅和人类活动为主影响径流显著减少;气候变化与人类活动对径流变化无显著的影响。赵娟基于黄河支流佳芦河、秃尾河流域的降水量、水土保持措施量及径流量和输沙量数据,应用 M-K、P 突变点检验、双累积曲线法对其变化特征及影响关系进行研究,结果表明佳芦河流域降水对突变后径流量、输沙量减少的贡献率分别为 4% 和 11%;秃尾河流域降水对突变后径流量、输沙量减少的贡献率分别为 1% 和 14%。

1.2.6 水土保持措施对水沙变化的影响

在水沙变化对人类活动的响应方面,大量研究表明,人类活动主要以生态植被、水土保持工程建设为主,通过增加地表植被覆盖,改变流域下垫面状况,拦蓄地表径流下渗及形成,可减少土壤侵蚀,改变水资源的空间分布规律,从而起到防治水土流失、调控河流水沙的作用。Highfill、Kwaad 和 Sharda 等在研究中指出,水土保持措施在降低土壤侵蚀及河流泥沙的同时也会使径流量减少;不同空间尺度区域和不同的水土保持措施类型对减少水沙的作用程度存在很大差别;梯田、种草造林及整地工程等水土保持措施实施可明显抑制水土流失和坡面径流量的产生。熊运阜、冉大川等在研究中指出,水土保持措施对径流量和泥沙量的影响程度受多种因素影响,主要包括降水特征、水保措施等因素;沟道治理措施如谷坊、淤地坝等水土流失治理措施会对径流和泥沙产生拦蓄作用。Meyer 等对国外的小流域尺度上的研究结果发现,在密苏里州和艾奥瓦州以及密西西比州的小流域,水土保持措施建设可减少径流量和泥沙量。穆兴民等认为,黄河在 2008～2011 年降水量变化并不显著的情况下,以水土保持措施为主的人类活动使得输沙量降到了 1.8 亿~2.7 亿 t。夏智宏等在研究洪湖流域径流量对气候变化和人类活动影响的响应中指出,1990 年之前气候变化是影响流域径流量变化的主要因素,而 1990 年之后人类活动对径流量变化的影响大于气候变化的影响。Zhao 等认为,罗玉沟流域年径流量变化与梯田、林地呈负相关,与坡耕地、草地呈正相关。Yuan 等基于 SWAT 模型和情景模拟法对溪河流域的研究表明,草地、耕地会增加径流量,林地会减少径流量;在极端气候下,流域径流量变化与降水变化呈正相关关系。赵阳等采用 M-K、P 突变点检验和双累积曲线方法对黄河流域的水沙变化进行了研究,并将水沙变化对环境变化的响应做了定量分析,结果指出,黄河干流流域的径流量和输沙量呈现显著减少趋势,水沙在 20 世纪八九十年代发生了突变;黄河泥沙的源头发生了转移,主要从头龙区间转向龙潼区间;人类活动对流域径流量和输沙量减少的贡献率达 90%以上,而上游兰州站降水等气候变化对流域水沙减少的贡献率为 66.57%。张波等采用累积量斜率变化率比较法,对汀江流域 1965～2012 年的降水量和径流量变化特征进行分析,量化估计气候变化和人类活动对径流量的贡献率,表明人类活动的贡献率在逐渐增加。赵娟对黄河支流佳芦河、秃尾河流域的研究结果表明,佳芦河流域水土保持措施对突变后径流量、输沙量减少的贡献率分别为 96%和 89%;秃尾河流域水土保持措施对突变后径流量、输沙量减少的贡献率分别为 99%和 86%。

以上研究表明,研究者们基于不同尺度流域采用不同的研究方法,得出的结果也有一定差异。本书研究基于上述研究者的成果,以不同时间尺度的水沙变化及其对降水量、水土保持措施的响应特征及相互间关系进行研究,探索降水量与水土保持措施对水沙变化的作用强度。

1.2.7　水土保持效益的分析方法

水土保持就是预防和治理水土流失或防治土壤侵蚀。水土保持措施是为了保护水土资源、改善生态环境所采用的方法与管理手段,分为工程措施、植物措施和农业措施三大类。水土保持工程措施主要针对斜坡及沟道中的水土流失,主要包括各类梯田、水平沟、鱼鳞坑、淤地坝、谷坊和小型水利工程,是水土保持综合治理措施体系的重要内容之一。水土保持林草措施又称植物措施,包括在水蚀、风蚀等地区营造的水土保持林、农田防护林、封山育草、人工或飞播种草等。植被地上部分通过冠层的截流和枯枝落叶层的涵水作用减小径流量,削弱降雨强度和雨滴冲击地面的能量,根系能够固定土壤结构、提高土壤抗冲性能和抗剪强度,达到保护水土资源的目的。水土保持农业措施主要包括等高耕作、等高带状间作、沟垄耕作等技术措施,主要原理是增加植被覆盖率、改变坡面微小地形或增强土壤有机质抗蚀力等,以达到保土蓄水,提高土壤肥力,增强农业生产力的目的。水土保持对水资源的影响研究在最初大多是通过水土保持试验区野外观测和试验资料来进行,且多为单项措施影响分析,后期逐渐扩展到流域尺度水土保持措施不同配置体系的效益研究。郝建忠通过对黄土丘陵沟壑区第一副区大量实测资料对比分析,认为造林的减水效益大于种草。焦菊英等根据黄土高原绥德、延安、离石、安塞等地的草原径流小区资料,分析不同降雨条件下人工草地的减水减沙效益和水土保持有效盖度,得出植被盖度与降雨、坡度之间的关系。王健等在黄土高原沟壑区的淳化县泥河沟流域进行人工降雨试验,测定了耕作措施对降雨径流的影响。吴发启等在多年观测资料的基础上,总结出水平梯田的质量和暴雨因素是影响蓄水效益的两个重要指标。李宏伟等研究了林草措施与工程措施对水量及水质的影响,认为水土保持措施虽不能从根本上增加水资源数量、防治水污染,但通过布局合理、质量优良的水土保持设施,可以有效地减少地表径流损失和土壤水分渗漏损失,控制面源污染。关于水土保持措施对粮食的影响,我国学者同样做了不少研究。华荣祥等计算了甘肃省水土保持综合效益,结果表明近十年来,甘肃省中东部旱作农业区的梯田(占甘肃省耕地面积的30% ~ 38%)生产了该省粮食总产量的60% ~ 70%。随着水土流失治理目标和措施的不断调整,现阶段的研究多集中在退耕还林还草与粮食生产与安全之间的关系。刘忠等选择1996年、2003年、2007年作为研究时段,对西部黄土高原地区分县粮食产量统计数据进行分析,认为退耕还林还草政策实施以来,研究区粮食总产量在下降,但是粮食单产能力有所提升,粮食总产量下降幅度远低于粮食播种面积下降幅度,提出应在整体把握粮食地区间流动的基础上,循序渐进推进退耕还林还草工程。闫慧敏等应用由 TM 遥感影像获取的 1980~2000 年与 2000~2005 年耕地变化数据,分析对比耕地生产力的变化特点,研究在城市化和退耕还林还草两个政策的影响下,耕地生产力对耕地转移的响应,表明建设用地增长导致的耕地生产力减少超过耕地转为林地和草地引起的耕地生产力损失总量近 2 倍。当前,对于水土保持效益的研究已从单项措施单个指标发展到多措施整体评价。水土保持综合治理不仅能够优化生态环境,同时还能够发展生产,促进经济,但是由于各地自然地理条件和经济发展水平存在较大差异,对于水土保持综合效益的研究仍有进一步发展空间。

第 2 章　黄河干流甘肃段区域概况

开展黄河干流甘肃段的降雨径流输沙关系研究,对于黄河流域其他地区具有非常重要的引领作用。黄河干流甘肃段是西北干旱区水沙关系不协调的典型代表区域,选取其作为研究对象具有重要的科学和实践价值。

2.1　地理位置

黄河全长 5 464 km,是我国第二大长河,其发源于青藏高原,最后注入渤海,流经我国 9 个省(自治区)。本次选用黄河中上游甘肃段作为主要研究对象,甘肃省地理位置介于北纬 32°11′~42°57′、东经 92°13′~108°46′,东西跨度 1 480 km,南北跨度 1 132 km,总面积 45.59 万 km²,占中国总面积的 4.72%。黄河流域甘肃段是黄河流经的第 3 个省份,其在甘肃段流入甘南藏族自治州、临夏回族自治州,穿过兰州和白银,两进两出,全程 913 km。黄河流域甘肃段总面积 14.59 万 km²,跨甘肃省 9 个市州,占全省面积的 32%。

2.2　地形地貌

黄河干流甘肃段地处黄土高原、青藏高原和内蒙古高原的交汇地带,地形地貌复杂多样,高原、山地、戈壁、沙漠、平川河谷等,类型齐全,错综复杂,地势自西南向东北倾斜,地形狭长,东西长 1 655 km,南北宽 530 km。复杂的地形形态形成了各具特色的六大地形区域,分别是:陇南山地,陇东、陇中黄土高原,甘南高原,河西走廊,祁连山地,河西走廊以北地带。陇南山地山清水秀,恰似江南风光,景色十分优美;陇东、陇中黄土高原有着丰富的煤炭和石油资源;甘南高原是甘肃省主要的畜牧业基地之一,土地肥沃,畜牧业繁荣;河西走廊水资源相对充沛,有戈壁滩绿洲,是甘肃境内主要的商品粮基地;祁连山地有着丰厚的水资源,动植物资源丰富;河西走廊以北地带人烟稀少,降雨量非常低。总体上区域内地势千沟万壑,支离破碎,水土流失较为严重。

2.3　气候特征

　　甘肃省黄河流域气候类型多样,大概分为四大气候,即高原寒冷气候、亚热带季风气候、温带季风气候和温带大陆性气候。全省各地的降雨量在36.6~734.9 mm,由东南向西北递减,祁连山东与陇南降雨量明显较多,乌鞘岭以西降雨很少,受季风气候影响,降雨主要集中在6~8月,占全年降雨量的50%~70%。陇南河谷一带无霜期一般在280 d左右,而甘南高原只有140 d,差异较大。海拔大多在500~3 000 m,年降雨量在40~800 mm,年平均气温0~15 ℃,绝大部分区域处于干旱和半干旱区,发生的气象灾害有干旱、沙尘暴、暴雨洪涝等。水力侵蚀、风力侵蚀、冻融侵蚀等均有发生,是我国水土流失最为严重的地区之一,特别是甘肃省内的黄土高原区域因特殊的地形地貌、气候条件等因素,成为甘肃省水土流失最为严重的区域。

2.4　河流水系

　　黄河干流落差大且弯曲多是黄河流入甘肃的一大特点,自古有“九曲十八弯”之说,在甘肃省内黄河有数十个弯,玛曲县黄河干流更是180°大转弯,是真正意义上的“黄河第一弯”。黄河自发源地到兰州,水力资源非常丰富,前后高程落差3 000多m,甘肃黄河干流沿线修建了很多水利工程,有以刘家峡为代表的大小水电站共8座。兰州段以上含沙量小,甘南段水质优良。甘肃省水资源主要有3个流域9个水系,而黄河流域就有5个水系,分别为洮河、渭河、汾河、湟水、黄河干流等,年总地表径流量174.5亿 m³,流域面积27万 km²。黄河60%的水量产自兰州段以上,每年在甘肃段获得补水约137亿 m³,而玛曲段就补给了85亿 m³;黄河的总泥沙含量多年平均值约为3.5 kg/m³,在兰州段是2 kg/m³,玛曲段则常年保持在了0.5 kg/m³。近十年来,黄河流域甘肃段水土流失治理成效显著,甘肃境内年输沙量从20世纪60年代的2.6亿 t减少到近十年的0.4亿 t,减少了85%,黄河出境水质也有了质的飞跃,从2010年前大部分时段Ⅲ类、个别Ⅳ类,变为如今稳定的Ⅱ~Ⅲ类。黄河甘肃段流域34个断面在2018年的地表水水质考核中,有31个断面地表水水质优良,优良比例为91.2%,但黄河流域甘肃省内大部分地区黄土覆盖,植被稀疏,水土流失严重,河内含沙量较大。水力资源从理论上说蕴藏量有1 724.15万 kW,可能开发利用容量1 068.89万 kW,年发电量492.98亿 kW·h。

2.5　经济社会

　　黄河入甘肃"两进两出",全长 913 km,黄河流域甘肃段因其重要的地理优势和在生态保护中的重要地位,决定了黄河流域甘肃段在黄河流域生态保护和高质量发展中的重要地位。沿黄经济带沟通连接了江苏、甘肃、新疆等12 个省(自治区),它把黄河流域和铁路两侧辐射区的经济与全国的生产力布局连接成为一个整体,形成了一条以资源开发为主,工业与农、林、牧综合协调发展,东西双向对外开放的产业经济带,黄河为这条经济带的发展与形成提供了宝贵的水电资源,长期的水土保持工作,逐步改善了黄土高原的生态环境。黄河还为流经的区域提供了源源不断的农业灌溉水源,黄河白银段在近年来不断优化灌区农业产业结构,努力助推农业发展,使当地群众脱贫致富。黄河是兰州的城市名片,为兰州经济社会发展、文化旅游产业提升贡献了力量。据统计,在 2020 年,兰州市接待游客 4 821.4 万人,收入高达 421.4 亿元,市场恢复水平达到 2019 年同期的 62%,高于全省和全国平均恢复水平。

2.6　水利工程

　　截至 2020 年,甘肃省黄河流域内已建成水库 169 座,其中大型水库 4 座,中型水库 16 座,小型水库 149 座,塘坝 2 172 座,总库容 81.5 亿 m³。已建成机电井 14.6 万眼,其中规模以上 2.06 万眼,规模以下 12.5 万眼。2020 年前建成的大中型水利工程有刘家峡、盐锅峡、八盘峡、小峡、大峡、九甸峡、乌金峡、寺沟峡(见表 2-1)。

　　输沙量和径流量是河流的两个特征水文变量,水库、电站在发挥防洪、发电等经济效益的同时,必然对河流的水沙关系产生影响。一方面,水库及水电站的运行降低了下游河道的拦沙力,打破了天然条件下河道通过长期自动调整所形成的输沙规律;另一方面,通过合理的调度,水库调节也可以明显地改善下游河道的淤积状况。这些大中型水库的调蓄运行,使得输入下游河道的泥沙减少,同时水库运行过程中蓄水滞洪,下游的洪峰流量减少,导致下游河段的挟沙力降低,输沙量减少。当水库泄洪时,短期水流比较急,水中含沙量小,对下游河床进行冲刷,河道中的泥沙得到部分的补充,输沙量将会随着河道的长度而增加,径流的输沙量就会有所提高。下游河道输沙量的调整时间长短与库容大小密切相关,库容很大的河流,调整期历时很长;库容小的河流

表 2-1 影响甘肃省内黄河干流水沙条件的主要水利工程统计

主要水利工程	投入运行时间	工程地理位置	装机容量/MW	总库容/万 m^3	调节能力	兴利库容/万 m^3	死库容/万 m^3	正常蓄水位/m	死水位/m	坝址多年平均径流量/万 m^3
刘家峡	1969年	临夏回族自治州永靖县刘家峡	1 390	570 000	不完全年调节	415 000	155 000	1 728	1 697	2 730 000
盐锅峡	1961年	临夏回族自治州永靖县盐锅峡镇	494	22 000	年调节	4 800	16 000	1 619	1 600	2 590 000
八盘峡	1980年	兰州市西固区新城镇	216	4 900	年调节	717	1 183	1 578	1 576	3 153 600
小峡	2004年	兰州市皋兰县什川镇	230	4 800	年调节	1 400	3 400	1 495	1 495	3 330 000
大峡	1998年	白银市白银区水川镇	300	9 000	年调节	6 480	3 500	1 480	1 477	3 280 000
九甸峡	2010年	甘南藏族自治州卓尼县藏巴哇乡	300	94 300	完全年调节	57 200	29 500	2 199	2 166	382 500
乌金峡	2008年	白银市靖远县平堡乡	150	2 368	年调节	903	1 465	1 436	1 434	328
寺沟峡	2008年	永靖县与积石山县交界处	240	4 794	日调节	992	3 802	1 748	1 746	221.7

可能需要几年或者十几年;库容很小的水库,可能仅影响当年或者次年的下游河道的输沙量,甚至无明显变化。

　　甘肃省黄河流域各类工程供水能力为 50.69 亿 m³(不包括水力发电单纯水能开发供水),其中地表水工程现状供水能力为 45.60 亿 m³,地下水工程现状供水能力为 5.09 亿 m³。地表水工程中,蓄水工程现状供水能力 15.80 亿 m³,引水工程现状供水能力 14.79 亿 m³,提水工程现状供水能力 15.01 亿 m³。

　　甘肃省水力资源丰富,其中黄河流域水力资源理论蕴藏量 9 825.96 MW,可开发的大、中、小型水电站共 382 座,装机容量 7 423.39 MW,年发电量 334.38 亿 kW·h。其中,中型水电站 17 座,装机容量 2 043.2 MW,年发电量 91.3 亿 kW·h;小型水电站 359 座,装机容量 1 583.19 MW,年发电量 75.92 kW·h。

第 3 章　基础资料及可靠性分析

黄河干流甘肃段基础资料主要包括降水资料、径流资料和泥沙资料,通过对这些数据的代表性、可靠性和一致性进行分析,尽最大可能确保资料的科学性和准确性。

3.1　降水资料

3.1.1　站点及资料系列

黄河干流甘肃段降水量站点整体上分布均匀,代表性较好,典型、特殊区域均有雨量站点控制,本书研究共选取降水站点 35 处,资料系列选用 1956~2020 年进行分析。

降水量代表站选取原则:①选用的代表站尽可能代表某一区域,数据资料可靠,系列年月数据完整;②按照水资源三级划分结合地市行政区划,考虑山丘、平原区;③对降水量站点稀少、跨度大的地区,考虑县级行政区,并且基本包含了一次、二次水资源调查评价选用的降水量代表站。选取具有代表性的 5 处雨量站,重点分析年内年际变化规律。选取的雨量代表站情况见表 3-1。

3.1.2　资料代表性分析

3.1.2.1　**资料系列的插补延长**

选用 1956~2020 年系列资料,由于甘肃省 80% 雨量站点陆续在 20 世纪六七十年代建立,所以个别雨量站资料系列存在数据缺失、年限短等情况,需通过相邻站点对资料系列进行插补延长,使其达到统计分析的要求。

3.1.2.2　**年降水量过程线**

点绘各雨量站年降水量顺时序逐年过程线及差积曲线,如图 3-1~图 3-5 所示。可以看出,玛曲站自 1956~1986 年呈现“枯—丰—枯”交替变化,自 1987~2015 年持续性减少,2016 年后持续性上升;安宁渡站自 1956~1986 年呈现“枯—丰—枯”交替变化,自 1987~2003 年为平水年,自 2004~2020 年呈现“枯—丰—枯”交替变化;兰州站从 1956~1979 年持续性上升,自

表 3-1　黄河干流甘肃段选用主要代表站情况统计

序号	水系	河名	站名	站别	坐标		不同时段降水量平均值/m³			
					东经	北纬	1956~2020	1980~2020	2000~2020	
1	黄河干流	黄河	玛曲	水文	102°05′	33°58′	602.9	603.1	617.4	
2	黄河干流	黄河	安宁渡	水文	104°36′	36°47′	191.6	190.5	199.0	
3	黄河干流	黄河	兰州	水文	103°49′	36°04′	311.0	298.9	297.1	
4	支流-湟水	大通河	天堂寺	水文	102°30′	36°57′	463.2	463.5	467.2	
5	支流-洮河	洮河	红旗	水文	103°34′	35°48′	303.4	291.9	291.7	

1980~2002 年呈现"枯—丰—枯"交替变化,自 2003 年后持续性减少;各代表站年降水量差积曲线均历经了丰、平、枯的变化过程,说明资料系列具有较好的代表性。

代表站不同年代降水量模比系数 k_p 值统计及降水量丰枯变化过程见表 3-2 和图 3-6。

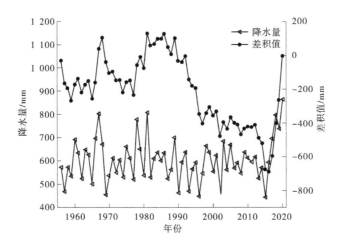

图 3-1　黄河干流玛曲站降水量过程线及差积曲线

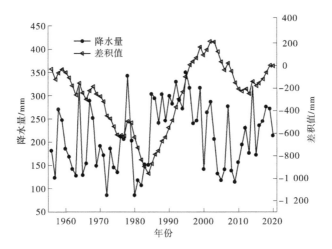

图 3-2　黄河干流安宁渡站降水量过程线及差积曲线

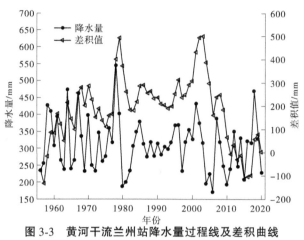

图 3-3　黄河干流兰州站降水量过程线及差积曲线

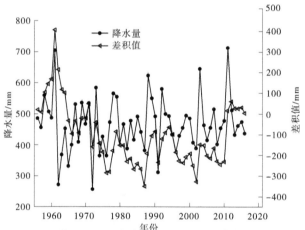

图 3-4　黄河支流天堂寺站降水量过程线及差积曲线

表 3-2　黄河干流甘肃段代表站不同年代降水量模比系数 k_p 值统计

站名	不同年代降水量的模比系数 k_p 值						
	20 世纪 50 年代	20 世纪 60 年代	20 世纪 70 年代	20 世纪 80 年代	20 世纪 90 年代	21 世纪 00 年代	21 世纪 10 年代
兰州	1.07	1.04	1.09	0.91	1.02	0.97	0.95
玛曲	0.90	1.04	1.01	1.03	0.94	0.99	1.03
安宁渡	1.08	1.01	0.97	0.88	1.01	0.87	1.12
天堂寺	1.08	0.97	0.99	1.00	0.98	0.99	1.02
红旗	1.06	1.04	1.08	0.93	0.99	0.98	0.91

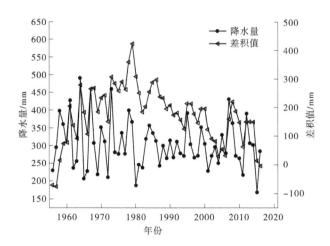

图 3-5　黄河支流红旗站降水量过程线及差积曲线

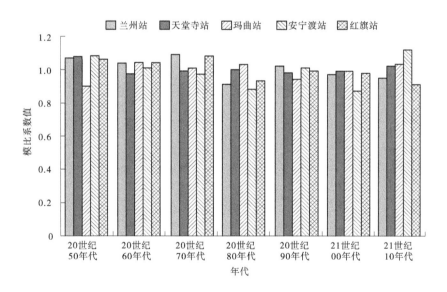

图 3-6　黄河干流甘肃段各代表站不同年代降水量丰枯变化过程

3.1.3 资料可靠性分析

黄河干流甘肃段各雨量站资料由专业技术人员按照气象要素观测技术规范进行观测、整编,资料质量可靠;各水文站均为国家级水文站,资料观测由水文专业技术人员严格按照现行《水文测量规范》规定进行观测,多为自记雨量计自动记录,资料整编严格按照《水文资料整编规范》(SL/T 247—2020)进行,整编资料要经过在站整编、校核、复核、汇编四次审查,经面上对照检查确定资料合理无误后使用。所以,资料的质量是可靠的。

3.1.4 资料一致性分析

用一个雨量站的年降水量逐年累积值与同步期相邻站的年降水量逐年累积值建立相关关系,能够揭示出降水特性的渐进或突然变化。为此,将黄河干流甘肃段各雨量站年降水量进行双累积值相关分析,如图 3-7~图 3-11 所示。可以看出,相关点比较密集,对应关系良好,说明两雨量站的年降水量变化趋势是一致的,黄河干流甘肃段各雨量站年降水量资料具有区域一致的特性。

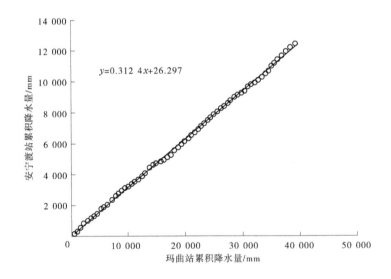

图 3-7　安宁渡站–玛曲站年降水量双累积关系曲线

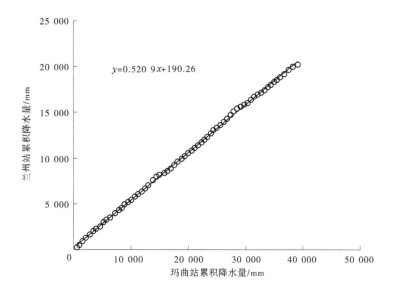

图 3-8 兰州站-玛曲站年降水量双累积关系曲线

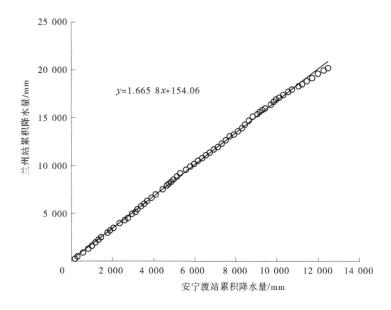

图 3-9 兰州站-安宁渡站年降水量双累积关系曲线

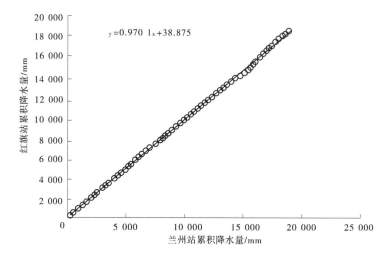

$$y = 0.970\ 1x + 38.875$$

图 3-10　红旗站-兰州站年降水量双累积关系曲线

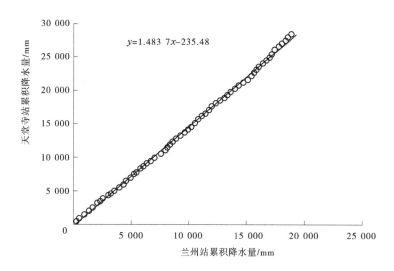

$$y = 1.483\ 7x - 235.48$$

图 3-11　天堂寺站-兰州站年降水量双累积关系曲线

由此可知,黄河干流甘肃段各站降水量资料系列的代表性、可靠性、一致性较好,可以作为分析研究的依据。

3.2　径流资料

3.2.1　站点及资料系列

选用黄河干流甘肃段的兰州、玛曲、安宁渡和红旗等 4 个水文站进行径流量相关分析,基本信息见表 3-3。

表 3-3　黄河干流甘肃段 4 个水文站基本信息

序号	水系	河名	站名	站别	坐标	
					东经	北纬
1	黄河干流	黄河	兰州	水文	103°49′	36°04′
2	黄河干流	黄河	玛曲	水文	102°05′	33°58′
3	黄河干流	黄河	安宁渡	水文	104°36′	36°47′
4	支流-洮河	洮河	红旗	水文	103°34′	35°48′

3.2.2　资料代表性分析

点绘黄河干流甘肃段各站年径流量模比系数差积曲线如图 3-12 所示。可以较清楚地看到年平均流量的丰枯变化过程,各站年径流量模比系数差积曲线大致经历了 2 个以上的丰枯变化过程,说明资料系列具有较好的代表性。

3.2.3　资料可靠性分析

黄河干流甘肃段各河流水文站均为国家级水文站,资料观测由专业技术人员严格按照现行《水文测量规范》规定进行观测,平水期按照 4 段制观测;汛期按照 6 段制观测,发生大洪水时加密测次,以保证测得完整的洪水过程;枯水期按照 2 段制观测。资料整编严格按照《水文资料整编规范》(SL/T 247—2020)进行,整编资料要经过在站整编、校核、复核、汇编四次审查,经降

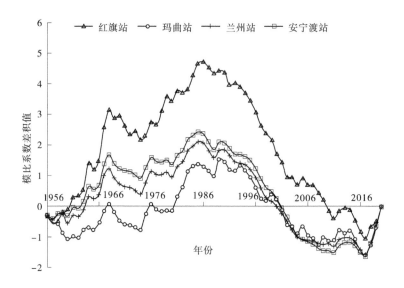

图 3-12　黄河干流甘肃段各站年径流量模比系数差积曲线

雨径流、上下游、相邻站对照确定资料合理无误后使用。所以,资料的质量是可靠的。

3.2.4　资料一致性分析

资料的一致性采用相邻站年径流量累积值相关线(双累积曲线)进行对照检查。用一个流域的累积径流量与同步期相邻流域的累积径流量相关关系,能够揭示出河流水情或者河道特性渐进的或突然的变化。为此,将黄河干流甘肃段流域各水文控制站 1956~2016 年逐年径流量分别进行累积相加,并点绘同步资料系列相关关系曲线图,如图 3-13~图 3-16 所示。从各站年径流量双累积曲线图可以看出,相关点密集成一条直线,对应关系很好,说明径流量的变化趋势是一致的。由此说明,黄河干流甘肃段各站资料系列经对照检查,其资料的一致性很好。

由此可知,黄河干流甘肃段各站径流资料系列的代表性、可靠性、一致性较好,可以作为分析研究的依据。

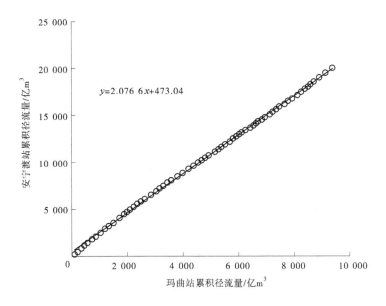

$y=2.076\ 6x+473.04$

图 3-13 安宁渡站-玛曲站年径流量双累积关系曲线

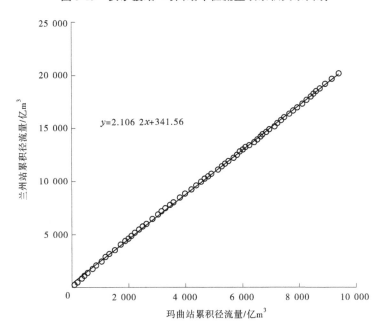

$y=2.106\ 2x+341.56$

图 3-14 兰州站-玛曲站年径流量双累积关系曲线

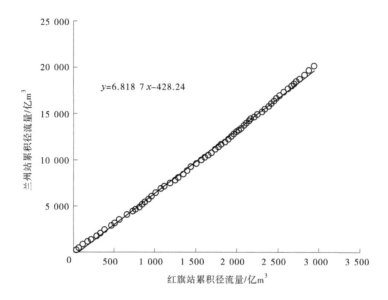

图 3-15　兰州站-红旗站年径流量双累积关系曲线

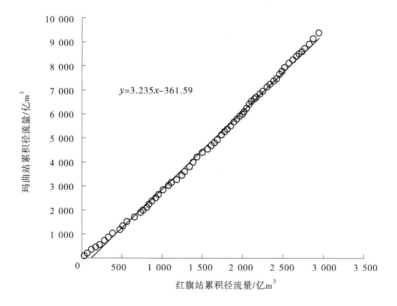

图 3-16　玛曲站-红旗站年径流量双累积关系曲线

3.3　泥沙资料

3.3.1　基本资料

选用黄河干流甘肃段的玛曲站、兰州站、安宁渡站、红旗站等 4 个水文站作为泥沙计算的站点。

3.3.2　资料代表性分析

3.3.2.1　年输沙量过程线

点绘各水文站年输沙量顺时序逐年过程线,如图 3-17 和图 3-18 所示,1956~2020 年,安宁渡站、玛曲站、兰州站、红旗站等 4 个水文站多年平均输沙量分别为 1.116 亿 t、0.046 亿 t、0.563 亿 t、0.201 亿 t。

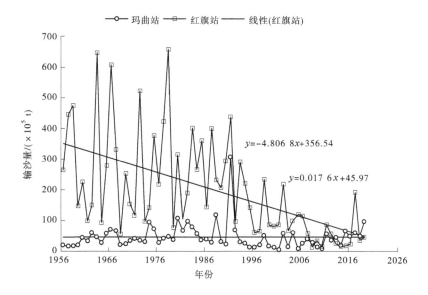

图 3-17　玛曲站、红旗站输沙量过程线

3.3.2.2　资料系列丰枯变化分析

模比系数差积曲线 $\sum(k_i-1)\sim t(k_i=Q_i/Q_{平均})$,能比较清楚地看出年平均流量的丰枯变化过程。为判断黄河干流甘肃段各站年平均输沙量的变化过程,点绘各站年输沙量模比系数差积曲线,见图 3-19。可以看出,各站模比系

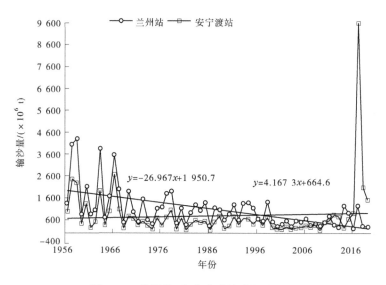

图 3-18　兰州站、安宁渡站输沙量过程线

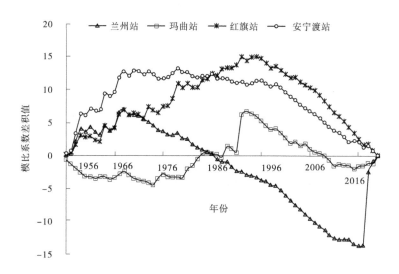

图 3-19　黄河干流甘肃段各站年输沙量模比系数差积曲线

数差积曲线经历了丰枯变化过程,说明资料系列具有较好的代表性,其中兰州站在 1972 年以前输沙量呈现递增趋势,1972 年以后呈现快速减少趋势,推测

可能是由于此期间修建水利工程、水土保持等措施后发生这种趋势变化;而玛曲站、红旗站和安宁渡站趋势变化基本一致,1992 年以前呈现递增趋势,1992 年以后呈现快速减少趋势,推测此期间主要是由于退耕还林还草等措施使得输沙量快速减少。

3.3.3　资料可靠性分析

　　黄河干流甘肃段各河流水文站均为国家级水文站,资料观测由专业技术人员严格按照现行《水文测量规范》规定进行泥沙量观测。资料整编严格按照《水文资料整编规范》(SL/T 247—2020)进行,整编资料要经过在站整编、校核、复核、汇编四次审查,确定泥沙资料合理无误后正式使用。所以,泥沙资料的质量是可靠的。

3.3.4　资料一致性分析

　　资料的一致性采用相邻站年输沙量累积值相关线(双累积曲线)进行对照检查。为此,将黄河干流甘肃段各站 1956～2020 年逐年输沙量分别进行累积相加,并点绘同步资料系列相关关系,如图 3-20～图 3-23 所示。

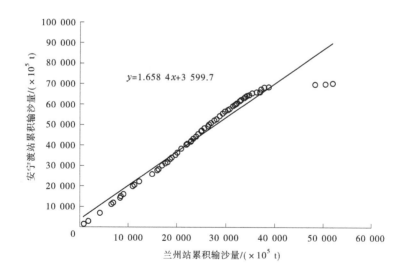

图 3-20　安宁渡站-兰州站年输沙量双累积关系曲线

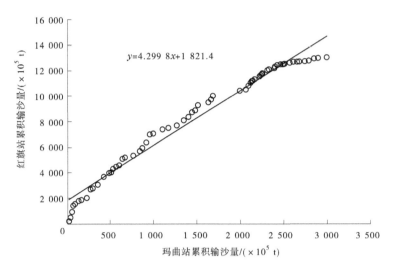

图 3-21　红旗站-玛曲站年输沙量双累积关系曲线

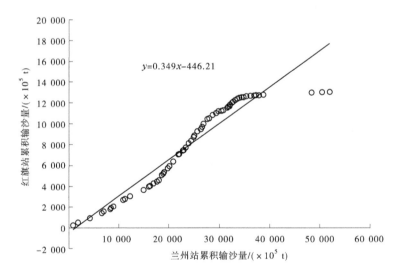

图 3-22　红旗站-兰州站年输沙量双累积关系曲线

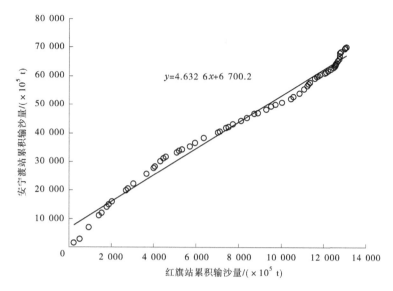

图 3-23　安宁渡站-红旗站年输沙量双累积关系曲线

　　从各站年输沙量累积值相关图可以看出,黄河干流甘肃段各站泥沙资料系列的代表性、可靠性、一致性较好,可以作为分析研究的依据。

第4章　黄河干流甘肃段降水、径流、泥沙分布规律

4.1　降水分布及其变化

黄河干流甘肃段降水量时空分布具有地区差异大、年内分配不均、年际变化大等特点。

4.1.1　降水量年内分配

降水量年内分配不均衡,干旱地区尤为显著(见图4-1)。黄河干流甘肃段降水多集中在夏季5~9月,分别占全年降水量的12.14%、14.76%、19.63%、21.28%、15.32%。其中,最大降水量出现在7月和8月,占全年降水量的40.91%,最小降水量出现在11月至次年1月,仅占全年降水量的1.74%。春季3~5月降水量占全年降水量的19.61%;5月开始降水明显增多,占全年降水量的12.14%;秋季降水量西部和北部占全年降水量10%~15%,其余地区多在20%~30%;冬季12月至次年2月3个月降水甚少。

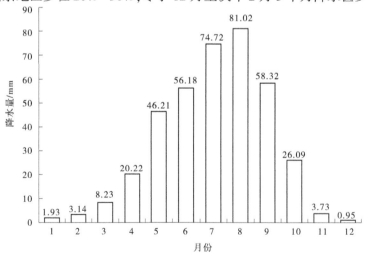

图4-1　1956~2020年降水量年内分布图

4.1.2　降水量年际变化

根据观测数据,研究期年平均降水量为 381.7 mm,汛期年均降水量为 300.2 mm(见图 4-2)。其中,1977 年的降水量最大,为 526.9 mm,1971 年降水量最小,为 268.4 mm,最大年降水量是最小年降水量的 1.96 倍;汛期最大年降水量和汛期最小年降水量分别为 435.7 mm(1977 年)和 198.9 mm(2014 年)。汛期降水量占全年降水量的 78.6% 以上,说明全年降水量集中在汛期,两者具有显著相关性,相关系数 R 值为 0.952。1956～2020 年降水量变化趋势分析表明,年降水量总体出现波动上升的趋势(见图 4-3)。

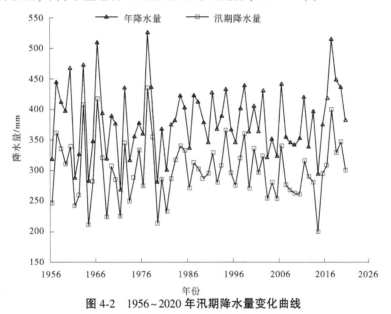

图 4-2　1956～2020 年汛期降水量变化曲线

4.1.3　降水的长期变化趋势

随着资料系列的逐步增长,对年降水量来说,或是增加或是减少,时序系列的参数将随着时间增长,出现系统连续增加或减少的变化,这种变化就叫水文资料系列的趋势变化。趋势是降水量序列中的一种成分,在研究降水量序列变化时,将趋势看作是周期长度比实测序列长得多的长周期,它叠加在其他成分之中,通常不会以同样形式(或性质)再现,实际工作中我们用较短的序列描述它的变化过程,并把它从其他成分中分离出来。降水量序列的趋势是否显著,直接反映了研究区域的水文序列受气候变化和人类活动的影响程度,

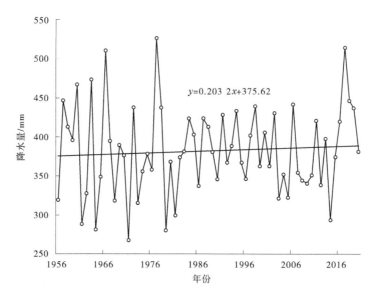

图 4-3 1956~2020 年年降水量变化曲线

其判断方法常采用坎德尔(Kendall)秩次相关法、斯波曼(Spearman)秩次相关法、线性趋势回归法进行检验,它们的原理如下。

4.1.3.1　坎德尔(Kendall)秩次相关法检验

对序列 $X_1, X_2, \cdots, X_n$,先确定所有对偶值($X_i, X_j, j > i$)中的 $X_i < X_j$ 出现的个数(设为 p)。顺序的(i, j)子集是:($i = 1, j = 2, 3, 4, \cdots, n$),($i = 2, j = 3, 4, 5, \cdots, n$),$\cdots$,($i = n - 1, j = n$)。如果按顺序前进的值全部大于前一个值,这是一种上升趋势,p 为 $(n - 1) + (n - 2) + \cdots + 1$,即为等差级数,则总和为 $\frac{1}{2}(n - 1)n$ 。如果序列全部倒过来,则 $p = 0$,即为下降趋势。由此可知,对无趋势的序列,p 的数学期望 $E(p) = \frac{1}{4}n(n - 1)$ 。

此检验的统计量:

$$U = \frac{\tau}{\left[V_{\mathrm{ar}}(\tau) \right]^{\frac{1}{2}}} \tag{4-1}$$

式中:

$$\tau = \frac{4p}{n(n - 1)} - 1 \tag{4-2}$$

$$V_{ar}(\tau) = \frac{2(2n+5)}{9n(n-1)} \qquad (4-3)$$

当 n 增加时，U 很快收敛于标准化正态分布。

原假设为无趋势，当给定显著水平 α 后，在正态分布表中查出临界值 $U_{\alpha/2}$。当 $|U| < U_{\alpha/2}$ 时，接受原假设，即趋势不显著；当 $|U| > U_{\alpha/2}$ 时，拒绝原假设，即趋势显著。

4.1.3.2　斯波曼(Spearman)秩次相关法检验

分析序列 X_t 与时序 t 的相依关系，在运算时，X_t 用其秩次 R_t（把序列 X_t 从大到小排列时，X_t 所对应的序号）代表，t 仍为时序（$t = 1, 2, \cdots, n$），秩次相关系数为

$$r = 1 - \frac{6\sum_{t=1}^{n} d_t^2}{n^3 - n} \qquad (4-4)$$

式中：n 为序列的长度；$d_t = R_t - t$。

显然，当秩次 R_t 与时序 t 相近时 d_t 值小，秩次相关系数大，趋势显著。相关系数 r 是否异于零，可采用 t 检验法。统计量为

$$T = r\left(\frac{n-4}{1-r^2}\right)^{\frac{1}{2}} \qquad (4-5)$$

服从自由度为 $(n-2)$ 的 t 分布。

原假设为无趋势。检验时用式(4-5)计算 T，然后选择显著性水平 α，在 t 分布表中查出临界值 $t_{\alpha/2}$。当 $|T| > t_{\alpha/2}$ 时，拒绝原假设，说明序列随时间有相依关系，从而推断序列趋势显著；反之，接受原假设，趋势不显著。

4.1.3.3　线性趋势回归法检验

如果水文序列过程线为线性趋势，可按回归分析法求出线性回归模型的参数：

$$\hat{b} = \sum_{t=1}^{n}(t-\bar{t})(X_t - \bar{X}) \Big/ \sum_{t=1}^{n}(t-\bar{t})^2 \qquad (4-6)$$

$$\hat{a} = \bar{X} - \hat{b}\bar{t} \qquad (4-7)$$

$$s_{\hat{b}}^2 = s^2 \Big/ \sum_{t=1}^{n}(t-\bar{t})^2 \qquad (4-8)$$

式中：

$$s^2 = \sum_{t-1}^{n} q_t^2 / (n-2) \qquad (4-9)$$

其中：

$$\sum_{t=1}^{n} q_t^2 = \sum_{t=1}^{n} (X_t - \overline{X})^2 - \hat{b}^2 \sum_{t=1}^{n} (t - \overline{t})^2$$

$$\overline{t} = \frac{1}{n} \sum_{t=1}^{n} t$$

$$\overline{X} = \frac{1}{n} \sum_{t=1}^{n} X_t$$

当原假设 $b = 0$ 时,统计量

$$T = \hat{b}/s_{\hat{b}} \tag{4-10}$$

服从自由度为 $(n-2)$ 的 t 分布。给定信度 α,可查出 $t_{\alpha/2}$。如果 $|T| > t_{\alpha/2}$,则拒绝原假设,认为回归效果是显著的,即线性趋势显著;相反 $|T| < t_{\alpha/2}$,接受原假设,线性趋势不显著。

按照上述 3 种方法将代表雨量站逐年降水量变化过程进行趋势检验,计算结果列入表 4-1。从表中可以看出,黄河干流甘肃段各雨量站降水量的长期变化趋势出现不显著性减少、显著性减少的趋势。

通过运用坎德尔秩次相关法、斯波曼秩次相关法、线性趋势回归法综合分析发现,玛曲站的降水量呈现显著性减少趋势,而兰州站、安宁渡站和红旗站的降水量呈不显著性减少。

4.1.4 降水量突变分析

降水阶段性特征主要反映在研究期中的丰—平—枯变化特征,累积距平曲线是应用比较广泛的水文要素阶段性的一种辨析方法。当累积距平曲线连续增大时,表明在此时段内降水量距平值持续大于零,对比于平均值在此时段内降水处于丰水期;当累积距平连续不变时,表明此时段降水量与平均值接近,距平值持续为零;当累积距平曲线连续减小时,表明在此时段内径流量距平值持续小于零,对比于平均值在此时段内降水量相对偏枯。

采用累积距平方法分析研究区 1956~2020 年降水量的丰—枯阶段性变化特征。由图 4-4(a)降水量累积距平变化曲线可看出:在 1956~1983 年降水量累积距平线呈现先升高后降低交替变化,表明该时段为丰—枯水交替变化期;在 1984~2003 年降水量累积距平线持续升高,表明该时段为丰水期;在 2004~2015 年降水量累积距平线持续降低,表明该时段为枯水期;在 2016~2020 年降水量累积距平线持续升高,表明该时段为丰水期。

表 4-1　黄河干流甘肃段各站降水量趋势项检验

站名	趋势方程	肯德尔秩次相关法			斯波曼秩次相关法			线性趋势回归法			趋势情况	增加或减少程度
		$\lvert U \rvert$	$U_{\alpha/2}$	趋势显著情况	$\lvert T \rvert$	$T_{\alpha/2}$	趋势显著情况	$\lvert T \rvert$	$T_{\alpha/2}$	趋势显著情况		
兰州	$y=-0.52x+328.13$	0.64	1.96	不显著	0.70	1.99	不显著	0.99	1.99	不显著	不显著	不显著性减少
安宁渡	$y=0.408\,4x+178.08$	2.30	1.96	显著	1.71	1.99	不显著	1.09	1.99	不显著	不显著	不显著性减少
玛曲	$y=0.584\,9x+583.56$	41.58	1.96	显著	30.05	1.96	显著		1.96	不显著	显著	显著性减少
红旗	$y=-0.566\,8x+320.92$	0.81	1.96	不显著	0.70	2.00	不显著	1.13	2.00	不显著	不显著	不显著性减少

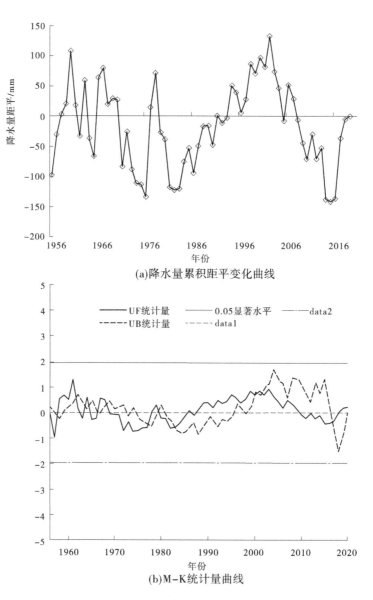

(a)降水量累积距平变化曲线

(b)M-K统计量曲线

图 4-4 1956~2020 年降水量的丰—枯阶段性变化特征曲线

1956~2020 年研究区年降水量总体呈现先增加后减少的趋势。M-K 趋势检验表明[见图 4-4(b)],在 1956~2020 年(除 1956 年、1978 年、2012 年的 UF=0)统计量 UF 值为负值与正值交替变化,说明年降水量呈现先减小后增

加的交替变化趋势,降水量在均值附近波动,无明显的趋势,且变化显著($p<$
0.05),平均降水量381.3 mm。同时统计量 UF 与 UB 两条曲线在1958 年、
1962 年、1967 年、2002 年、2017 年等处出现了交点,说明突变点出现在1958
年、1962 年、1967 年、2002 年和2017 年。

4.1.5　降水量周期变化

4.1.5.1　时间尺度周期性分析

　　小波系数反映时间序列的周期变化及振幅大小情况,进而可以推断时间
序列在不同时间尺度上的未来变化趋势。从研究区年降水时间序列小波系数
实部等值线图[见图4-5(a)]可以看出,年降水量存在 3 种尺度的周期变化:
4~10 a、11~15 a 和16~64 a,其中16~64 a 和4~10 a 周期内的"丰—枯"交
替变化较明显,贯穿整个时间序列。小尺度 4~10 a 的周期性变化,主要以
"枯—丰"周期变换为主,出现了 17 次振荡;中尺度11~15 a 的周期性变化在
1990 年以前表现较明显,出现"丰—枯"交替的 6 次振荡;而大尺度16~64 a
周期中,降水量出现"丰—枯"交替的 4 次振荡,突变特性明显,整个大尺度的
周期变化占据了整个时间序列且状态比较稳定,具有全域性。

4.1.5.2　小波方差检验

　　小波方差图是表现小波方差随着时间尺度变化的过程,可以看出降水时
间序列在形成过程中的主周期。图 4-5(b)为年降水量小波方差图,图中存在
比较明显的 5 个峰值,分别对应 5 a、8 a、16 a、34 a、46 a 时间尺度,其中 46 a
的周期振幅最大,为降水序列变化的第一主周期;16 a 时间尺度对应的周期振
幅大于 5 a 的振幅,为第二主周期;5 a 和 8 a 时间尺度的周期振幅较小,为第
三、第四主周期;34 a 为第五主周期。

4.1.5.3　不同周期变化特征分析

　　根据小波方差检验的结果,绘制了不同主周期下的小波系数实部图,分析
年降水量在不同时间尺度下的平均周期及降水量多少的变化规律。图 4-6 为
年降水量在不同主周期尺度下的小波系数实部图。由图 4-6 可知,降水序列
在 46 a 时间尺度下,经历 1 个波动周期,平均变化周期为 28 a;降水量"枯—
丰"的转变点在 1992 年,从周期变化可以预测降水量在 46 a 时间尺度下 2020
年左右将由丰—枯。在 16 a 时间尺度下,约经历 5 个波动周期,其平均变化
周期约为 9 a,从变化趋势可以预测降水量在 16 a 时间尺度下 2020 年左右将

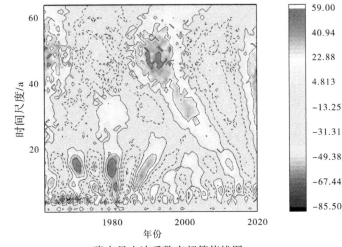

(a)降水量小波系数实部等值线图

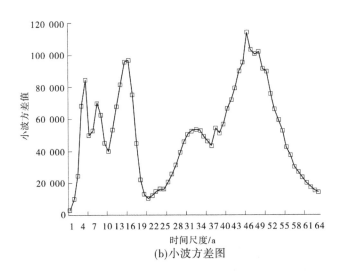

(b)小波方差图

图 4-5　年降水量小波系数实部等值线图和小波方差图

由丰—枯。降水序列在 5 a 和 8 a 时间尺度下,分别经历 11 个、16 个波动周期,其平均变化周期为 5 a 和 3 a。从变化趋势预测在 5 a 时间尺度下,2021 年左右降水量由丰—枯,而 8 a 时间尺度下,2023 年降水量由丰—枯。

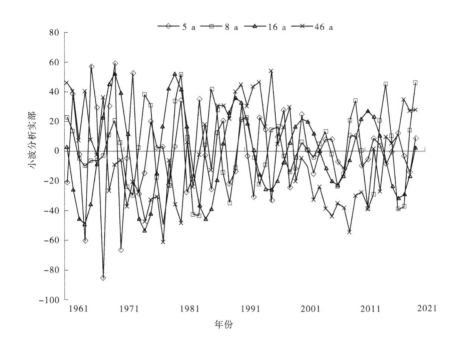

图 4-6　年降水量小波系数实部图

4.2　径流及其变化

4.2.1　径流年内分配

径流的年内分配因受补给条件的影响,河流最小流量出现在 1~3 月,占全年径流量的 11.12%(见图 4-7)。4 月以后气温明显升高,流域积雪及河网冰雪消融形成春汛,流量显著增大,4~5 月各河流来水量占全年来水量的 14.84%,夏秋两季是流域降水较多而且集中的时期,也是河流发生洪水的时期,6~9 月各河流来水量占全年来水量的 50.64%。其中,7 月来水量最多,占全年的 13.94%;10~12 月为河流的退水期,河流来水量逐渐减少。

4.2.2　径流年际变化

径流年际变化的总体特征常用变差系数 C_v 值或年极值比(最大、最小年流量的比值)来表示。C_v 反映一个地区径流过程的相对变化程度,C_v 值大表

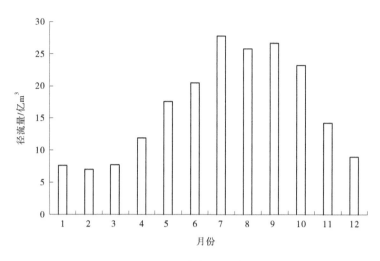

图 4-7　1956~2020 年径流量年内分布图

示径流的年际间的丰枯变化剧烈,对水资源的利用不利。反之,C_v 值较小表示径流的年际间的丰枯变化稳定,对水资源的利用非常有利,各站的多年变化特征值见表 4-2。

表 4-2　黄河干流甘肃段各站年平均流量特征值

站名	多年平均径流量/亿 m³	最大径流量		最小径流量		年极值比	C_v
		年份	径流量/亿 m³	年份	径流量/亿 m³		
安宁渡	308.20	1967	521.4	2003	205	2.54	0.25
兰州	310.31	1967	506.02	1997	203.22	2.49	0.24
玛曲	144.14	2020	247.4	2002	71.9	3.44	0.27
红旗	44.66	1967	95.09	2002	23.08	4.12	0.33

从表 4-2 中可以看出,黄河水系各站 C_v 值在 0.24~0.33,年极值比在 2.54~4.12,从整体上看该流域河流的 C_v 值相对较大,年极值比变化大,说明河流径流的多年变化不稳定。

各站径流不同年代模比系数 k_p 值见表 4-3 和图 4-8。从图表中可以看出,20 世纪 80 年代以前为偏丰年外,其余年代均为枯水年。

表 4-3　黄河干流甘肃段各站径流不同年代模比系数 k_p 值

年代	径流模比系数 k_p 值			
	安宁渡	兰州	玛曲	红旗
20 世纪 50 年代	0.97	0.95	0.80	0.78
20 世纪 60 年代	1.19	1.14	1.10	1.07
20 世纪 70 年代	1.04	1.04	1.03	1.01
20 世纪 80 年代	1.09	1.10	1.20	1.17
20 世纪 90 年代	0.86	0.85	0.91	0.89
21 世纪 00 年代	0.83	0.88	0.88	0.86
21 世纪 10 年代	1.02	1.00	0.96	1.03

　　由以上分析可以看出,黄河干流甘肃段枯水年发生的概率最大,偏丰年、平水年出现的概率次之。

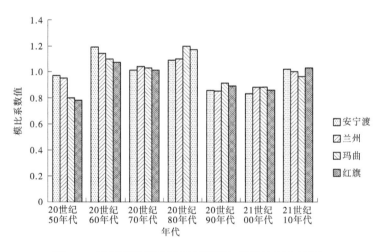

图 4-8　黄河干流甘肃段各站不同年代径流变化过程

4.2.3　典型年的年径流量

　　选择典型年时,除要求年径流量接近某一频率(偏丰年频率 $P = 20\%$,平水年频率 $P = 50\%$,偏枯年频率 $P = 75\%$,枯水年频率 $P = 95\%$)的年径流量外,还要求年径流量的月分配对供水和径流调节等偏于不利的典型年。按照

《全国水资源综合规划技术细则》的规定,对黄河干流甘肃段各站年径流进行频率计算,求得各河流统计参数和典型年的年径流量,见表4-4。

表4-4　黄河干流甘肃段各站年平均流量频率计算成果

站名	年平均径流量/亿 m³	C_v	典型年径流量/亿 m³			
			20%	50%	75%	95%
安宁渡	308.20	0.25	384	287.3	259	216
兰州	310.31	0.24	378	298	256	219
玛曲	144.41	0.27	181	137	117	96
红旗	44.66	0.23	58	43	34	27

4.2.4　年径流长期变化趋势

按照坎德尔秩次相关法、斯波曼秩次相关法、线性趋势回归法等3种方法对各站径流量变化过程进行趋势检验,见表4-5。可以看出,各河流代表站年径流变化趋势呈显著性减少趋势。

表4-5　黄河干流甘肃段各站年径流量趋势项检验

站名	坎德尔秩次相关法			斯波曼秩次相关法			线性趋势回归法			趋势显著情况	增加或减少程度
	$|U|$	$U_{a/2}$	趋势显著情况	$|T|$	$T_{a/2}$	趋势显著情况	$|T|$	$T_{a/2}$	趋势显著情况		
兰州	1.66	1.96	不显著	1.73	2.00	不显著	2.28	2.00	显著	不显著	不显著性减少
安宁渡	2.33	1.96	显著	2.45	2.00	显著	2.79	2.00	显著	显著	显著性减少
玛曲	1.16	1.96	不显著	1.14	2.00	不显著	1.11	2.00	不显著	不显著	不显著性减少
红旗	3.01	1.96	显著	3.00	2.00	显著	3.47	2.00	显著	显著	显著性减少

4.2.5　径流量突变分析

采用累积距平方法分析研究区1956~2020年径流量的丰—枯阶段性特征。由图4-9(a)年径流量累积距平变化曲线可看出:在1956~1985年径流量累积距平线持续升高,表明该时段为丰水期;在1986~2016年径流量累积距平线持续降低,表明该时段为枯水期;在 2017~2020 年径流量累积距平线持续升高,表明该时段为丰水期,在年际间径流量存在较为明显的波动。

　　对径流量 M-K 非参数检验分析表明[见图 4-9(b)],1956~2020 年研究区年径流量总体呈现先增大后减小的趋势,且年际变化差异较大。M-K 趋势检验表明,1956~1992 年(除 1974 年和 1992 年的 UF=0,没有趋势特征)统计量 UF 先正值后负值,说明年径流量呈现先增加后减少趋势,但没有达到显著水平($p>0.05$),平均径流量 211.01 亿 m^3;在 1993~2020 年的统计量 UF 为负值,说明径流量呈减少趋势,其中 1993~2004 年呈现显著减少趋势($p<0.05$),平均径流量 159.63 亿 m^3;同时 UF 与 UB 两条曲线在 1984 年出现了交点,说明突变点出现在 1984 年。

4.2.6　径流量周期变化

4.2.6.1　时间尺度周期性分析

　　小波系数实部反映时间序列的周期变化及振幅大小情况,进而可以推断时间序列在不同时间尺度上的未来变化趋势。图 4-10(a)是研究区年径流量时间序列小波系数实部等值线图。从图 4-10(a)可以看出,年径流量存在 3 种尺度的周期变化:4~6 a、8~16 a 和 24~65 a。这 3 种尺度下径流量在整个时间序列丰、枯水期交替变化明显。小尺度 4~6 a 的周期性变化在 1960~2010 年表现得较为活跃,存在“枯—丰”交替的周期性变化。8~16 a 尺度上的周期性变化主要在 1960~1995 年变化明显,存在“枯—丰”交替的 6 次振荡;24~65 a 时间尺度上,径流量呈现“枯—丰”交替的周期性变化。而大尺度 30~65 a 时间尺度上,随时间变化径流量表现明显的突变性,存在“枯—丰”交替的 2 次振荡,具体时间为:1960~1972 年为枯水期,1972~1992 年为丰水期,1992~2012 年为枯水期,2012~2020 年为丰水期,整个大尺度的周期变化占据了整个时间序列且状态比较稳定,具有全域性。

4.2.6.2　小波方差检验

　　从小波方差图可以看出,降水和径流时间序列在形成过程中的主周期。图 4-10(b)为年径流量小波方差图,图中存在 4 个峰值,分别对应 7 a、12 a、22 a、64 a 时间尺度。其中,64 a 时间尺度的周期振荡最强,为变化的第一主周期;22 a 时间尺度对应的周期振幅小于 12 a 的振幅,为第二主周期;12 a 为第三主周期;7 a 时间尺度的周期振幅较小,为第四主周期。

4.2.6.3　不同周期变化特征分析

　　小波系数实部图可分析不同时间尺度下,年径流量的平均周期及径流量

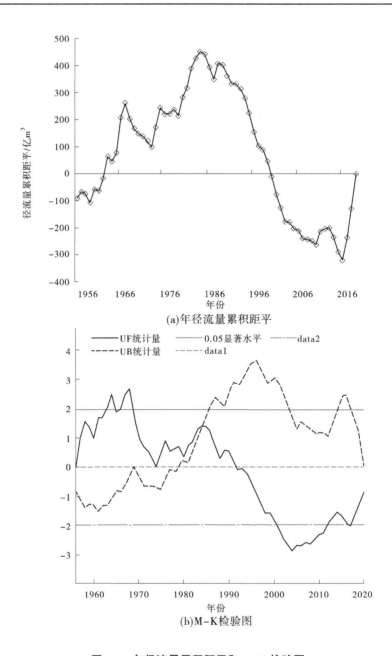

(a)年径流量累积距平

(b)M-K检验图

图 4-9　年径流量累积距平和 M-K 检验图

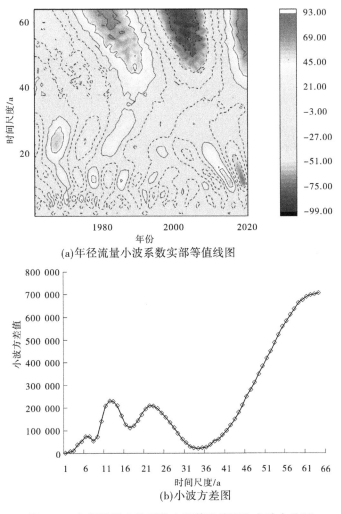

(a)年径流量小波系数实部等值线图

(b)小波方差图

图 4-10　年径流量小波系数实部等值线图和小波方差图

丰枯的变化规律。图 4-11 为年径流量在不同主周期尺度下的小波系数实部图。由图 4-11 可知,在 64 a 时间尺度下,径流序列经历约 1 个波动周期,其平均变化周期约为 39 a,径流量"枯—丰"的转变点在 2001 年。从周期变化可以预测径流量在 64 a 时间尺度(2040 年左右)将由枯—丰;径流量在 22 a、12 a 和 7 a 时间尺度下,经历 4 个、7 个和 12 个周期波动,其平均变化周期分别为 24 a、8 a 和 4 a。从变化周期预测在 22 a 时间尺度下,2033 年左右的径流量由枯—丰;在 12 a 时间尺度下,2026 年左右的径流量由枯—丰;而 7 a 时间尺度下,2021 年左右的径流量由枯—丰。

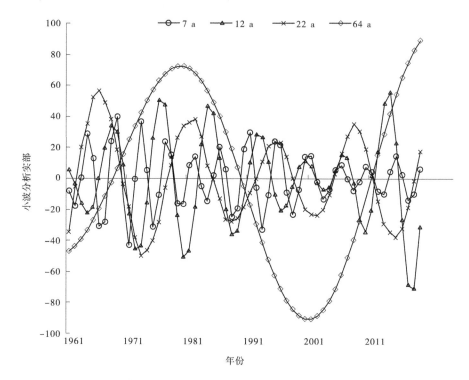

图 4-11   年径流量小波系数实部图

4.3   泥沙及其变化

4.3.1   输沙量年内分配

控制站兰州站多年平均输沙量年内分配见图 4-12,可见黄河输沙量主要集中在汛期 6~10 月,占全年的 81.7%,其中 7~8 月占全年的 62.6%。

4.3.2   输沙量年际变化

黄河干流甘肃段代表站泥沙特征值见表 4-6。各站 1956~2020 年多年平均输沙量 0.532 亿 t,其中兰州站多年平均输沙量为 0.799 亿 t,玛曲站多年平均输沙量为 0.046 亿 t,红旗站多年平均输沙量为 0.201 亿 t,安宁渡站多年平均输沙量为 1.081 亿 t。

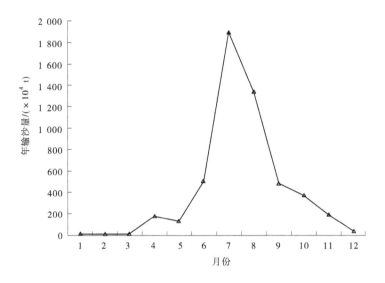

图 4-12　1956~2020 年兰州站多年平均输沙量年内分配

表 4-6　黄河干流甘肃段代表站泥沙特征值

站名	多年平均输沙量/亿 t	C_s/C_v	泥沙量/亿 t			
			$P=20\%$	$P=50\%$	$P=75\%$	$P=95\%$
兰州	0.799	2	0.171	0.297	0.516	0.886
玛曲	0.046	2	0.013	0.023	0.037	0.065
红旗	0.201	2	0.018	0.081	0.146	0.332
安宁渡	1.081	2	0.292	0.489	0.856	1.439

　　统计分析各站不同时间段输沙量的变化情况,结果列于表 4-7,不同年代输沙量变化情况见图 4-13。

　　从统计分析结果来看,兰州站和安宁渡站从 1950~2000 年各站输沙量均呈明显减小态势,到 2000 年时输沙量最小,从 2000 年之后,各站输沙量逐步呈增长态势;而红旗站和玛曲站在 1950~2010 年时间段内输沙量均处于减小态势。说明黄河干流甘肃段泥沙的阶段性变化很大。

表4-7　不同年代输沙量均值及距平分析

站名	20世纪50年代		20世纪60年代		20世纪70年代		20世纪80年代		20世纪90年代		21世纪00年代		21世纪10年代	
	均值/亿t	距平/%	均值/亿t	距平/%	均值/亿t	距平/%	均值/亿t	距平/%	均值/亿t	距平/%	均值/亿t	距平/%	均值/亿t	距平/%
兰州	1.623	0.824	0.971	0.172	0.572	-0.227	0.446	-0.353	0.514	-0.285	0.267	-0.532	1.622	0.823
玛曲	0.016	-0.030	0.044	-0.002	0.045	-0.001	0.067	0.021	0.059	0.013	0.027	-0.019	0.041	-0.005
红旗	0.354	0.153	0.264	0.063	0.296	0.096	0.249	0.049	0.205	0.004	0.095	-0.106	0.050	-0.151
安宁渡	2.798	1.717	1.709	0.628	1.197	0.116	0.915	-0.167	0.987	-0.094	0.461	-0.620	0.613	-0.468

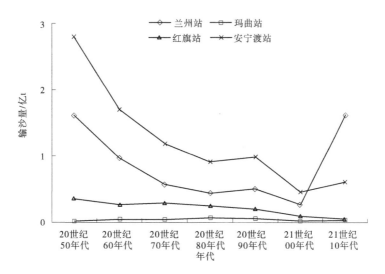

图 4-13　不同年代各站输沙量变化情况

黄河泥沙年际变化明显,年代阶段性变化突出。就以 10 a 计的短时间尺度而言,气候的变化是有限的,不可能对流域的水沙关系产生重大影响。黄河干流甘肃段人类活动改变了流域下垫面特征,使流域自然环境和水文过程发生了较大的改变,人类活动对河流泥沙的影响,既取决于人类活动的方式、影响程度,也受制于流域环境条件。黄河干流甘肃段对河流泥沙影响比较大的人类活动主要是植被破坏与恢复、水土流失治理、水利工程阻拦沙和工程建设增加沙,人类农业生产活动造成的水土流失和为了防洪、灌溉、发电等需要而建设的水利工程成为最主要的影响因素。

20 世纪 70 年代中后期黄河干流甘肃段加大了对水能资源的梯级开发力度,各级政府高度重视流域水土流失的治理,退耕还林,种草植树,调整土地利用方式,在水土保持方面取得了显著的成效,水土流失面积减小,对黄河泥沙量的减少起到了很大作用。

4.3.3　输沙量突变分析

采用累积距平方法对研究区 1956 ~ 2020 年输沙量的丰—枯阶段性特征进行分析。输沙量累积距平变化曲线见图 4-14(a),可看出:在 1957 ~ 1967 年输沙量累积距平线持续升高,表明该时段为多沙时期;在 1967 ~ 2020 年输沙量累积距平线持续降低,表明该时段为少沙时期,年际间输沙量存在较为明显的波动。

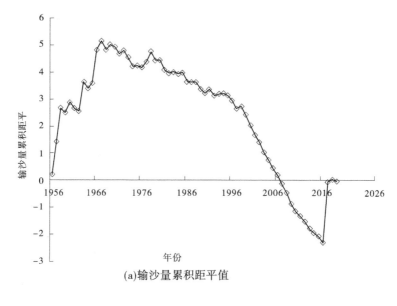

(a)输沙量累积距平值

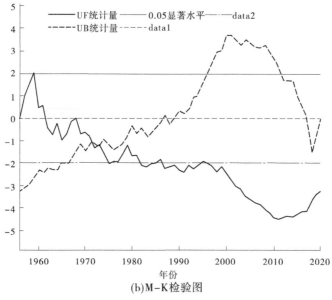

(b)M-K检验图

图 4-14　输沙量累积距平值和 M-K 检验图

对径流量 M-K 非参数检验分析表明[见图 4-14(b)],1956~2020 年研究区年输沙量总体呈现先增加后减少的趋势,且年际变化差异较大。M-K 趋势检验表明,在 1956~1961 年输沙量总体呈增加趋势,达到显著水平($p>0.05$),平均输沙量 1.25 亿 t;在 1962~2020 年的统计量 UF 为负值,说明径流量呈减少趋势;在 1972~2020 年输沙量呈显著减少趋势($p<0.05$),平均输沙量 0.25 亿 t;同时 UF 与 UB 两条曲线于 1972 年点相交,说明突变点出现在 1972 年。

4.3.4　输沙量周期变化

4.3.4.1　时间尺度周期性分析

小波系数实部反映时间序列的周期变化及振幅大小情况,进而可以推断时间序列在不同时间尺度上的未来变化趋势。图 4-15(a)是研究区年输沙量时间序列小波系数实部等值线图。年输沙量存在 3 种尺度的周期变化:4~8 a、10~20 a 和 22~65 a。这 3 种尺度下输沙量在整个时间序列“多—少”交替变化明显。在小尺度 4~8 a 的周期,主要在 1960~2003 年表现得较为活跃,存在“多—少”交替的周期性变化。4~8 a 尺度上的周期变化主要在 1960~1996 年变化明显,存在“少—多”交替变化的 7 次振荡;而大尺度 22~65 a 来看,随着时间序列的变化,输沙量表现出了“多—少”交替变化的 2 次振荡,存在明显的突变特性,具体时间为:1960~1965 年为多沙时期;1965~1985 年为少沙时期;1985~2002 年为多沙时期;2002~2016 年为少沙时期,整个大尺度的周期变化占据了整个时间序列且状态比较稳定,具有全域性。

4.3.4.2　小波方差检验

小波方差图是表现小波方差随着时间尺度变化的过程,可以看出输沙时间序列在形成过程中的主周期。图 4-15(b)为年输沙量小波方差图,图中存在 3 个峰值,分别对应 5 a、16 a、48 a 时间尺度。其中,48 a 时间尺度的周期振荡最强,为输沙序列变化的第一主周期;16 a 时间尺度对应的周期振幅大于 5 a 的振幅,为第二主周期;5 a 时间尺度的周期振幅较小,为第三主周期。

4.3.4.3　不同周期变化特征分析

根据小波方差检验的结果,绘制了振荡较强的主周期不同尺度下的小波系数实部图,分析在不同时间尺度下,年输沙量的平均周期及输沙量“多—少”的变化规律。图 4-16 为年输沙量在不同主周期尺度下的小波系数实部图。由图 4-16 可知,在 48 a 时间尺度下,输沙序列经历约 1 个波动周期,其平均变化周期约为 33 a;输沙量“多—少”的转变点在 1989 年。从周期变化可以预测输沙量在 48 a 时间尺度(2022 年左右)将由多变少;在 16 a 的时间尺

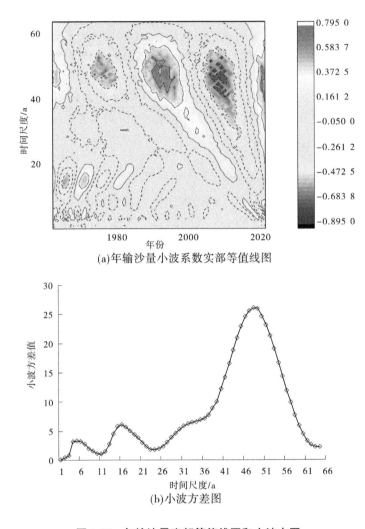

(a)年输沙量小波系数实部等值线图

(b)小波方差图

图 4-15 年输沙量实部等值线图和小波方图

度下,输沙量经历 5 个周期波动,其平均变化周期约为 11 a;在 5 a 的时间尺度下,输沙量经历 18 个周期波动,其平均变化周期约为 3 a;预测输沙量在 16 a 时间尺度下,2021 年左右由多变少,而 5 a 时间尺度下,2019 年左右输沙量由多变少。

对年降水量、径流量和输沙量比较可知,径流量、输沙量和降水量的周期变化很相似。同时,从图中还可以发现,无论是降水量还是径流量、输沙量,都有一个大尺度下的丰水期(多沙时期)或者枯水期(少沙时期),存在小尺度下

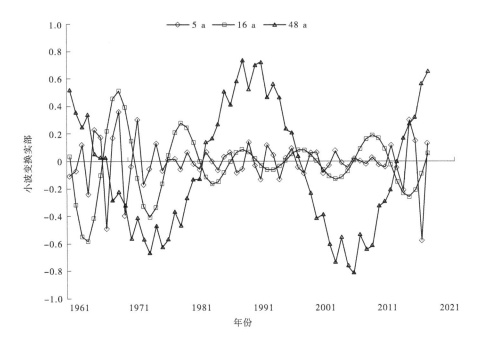

图 4-16　年输沙量小波系数实部图

的丰水期(多沙—少沙时期)嵌套的现象,小尺度下的降水量和输沙量、径流量转变点要多于大尺度,且不同尺度下的转变点时间及个数都不相同。

4.4　水量还原分析

人类活动改变了河川径流的天然情况,水文站的实测资料只是记录了各时期实测径流量,它所反映的是该流域在各个不同治理水平下的径流情况,不能代表流域的天然来水量。必须把实测资料系列改正为天然情况,或改正为同一治理水平,消除径流形成条件不一致的影响,才能全面估算河川的水资源。目前主要有以下 3 种水量还原方法。

4.4.1　平衡法及计算原理

水量平衡法是基于流域内总水量不变而得的一种径流还原的计算方法。通过对各项水量进行单独分析计算,来计算径流的天然值。可以用以下还原时段内的水量平衡方程进行单项分析计算,公式如下:

$$W = W_1 + W_2 + W_3 + W_4 \pm W_5 \pm W_6 \pm W_7 \qquad (4\text{-}11)$$

式中:W 为天然河川径流量;W_1 为实测河川径流量;W_2 为农业灌溉耗损量;W_3 为工业用水耗损量;W_4 为城镇生活用水耗损量;W_5 为跨流域(或跨区间)引水量,引出为正,引入为负;W_6 为河道分洪不能回归后的水量,分出为正,分入为负;W_7 为大中型水库蓄水变量,增加为正,减少为负;以上变量单位均为 m^3。

各项的计算方法并不唯一,具体计算时可根据各地区的条件不同而进行选择。

(1)农业灌溉耗损量是指在农田、林果、草场引水灌溉过程中,因蒸发消耗和渗漏损失而不能回归到水文站以上河道的水量。应查清渠道引水口、退水口的位置和灌区分布范围,调查收集渠道引水量、退水量、灌溉制度、实灌面积、实灌定额、渠系有效利用系数、灌溉回归系数等资料,根据资料条件采用不同方法进行估算,提出年还原水量和年还原过程。

(2)工业用水和城镇生活用水的耗损量包括用户消耗水量和输排水损失量,为取水量与入河废污水量之差。可根据工矿企业和生活区的水平衡测试、废污水排放量监测和典型调查等有关资料,分析确定耗损率,再乘以地表水取水量推求耗损水量。工业和城镇生活的耗损水量较小且年内变化不大,可按年计算还原水量,然后平均分配至各月。

(3)耗损量只统计水文站以上自产径流利用部分,引入水量的耗损量不作统计。跨流域引水量一般应根据实测流量资料逐年逐月进行统计,还原时引出水量全部作为正值,而引入水量仅将利用后的回归水量作为负值。跨区间引水量是指引水口在水文站断面以上、用水区在断面以下的情况,还原时应将渠首引水量全部作为正值。

(4)河道分洪水量是指河道分洪不能回归评价区域的水量,通常仅在个别丰水年发生,可根据上、下游站和分洪口门的实测流量资料,蓄滞洪区水位、水位容积曲线及洪水调查等资料,采用水量平衡方法进行估算。

(5)水库蒸发损失量属于产流下垫面条件变化对河川径流的影响,宜与湖泊、洼淀等天然水面同样对待,不必进行还原计算。

(6)水库渗漏量一般较小,且可回归到下游断面上。可只对个别渗漏量较大的选用水库站进行还原计算。

(7)农村生活用水面广量小,对水文站实测径流量影响较小,可视具体情况确定是否进行还原计算。

4.4.2　多元线性回归模型及其求解

从径流的形成过程可知,径流受到诸多因素影响,因此从降水径流形成过程所概化的降水径流模型必将为一多元线性模型。要运用降水径流模型计算河道水量还原,必先掌握多元线性回归模型,即最优回归方程的求解方法。因此下面将介绍多元线性回归分析的原理及最优回归方程的求解方法。

4.4.2.1　多元线性回归模型

回归分析研究的主要对象是客观事物变量间的统计关系。它是建立在对客观事物进行大量试验和观察的基础上,用来寻找隐藏在不确定现象中的统计规律的统计方法。多元线性回归模型是指模型中包含两个或两个以上的解释变量的回归模型。

对 n 个样本,分别收集其因变量及自变量的数据,用 Y 表示应变量,用 $X_1,\cdots,X_p$ 表示自变量。在这个变量数据结构的表示中,X_{ij} 为第 i 个样本第 j 个变量的值。当 $P=1$ 时,该回归称为一元回归;当 $P>1$ 时,为多元回归。多元线性回归模型其一般形式如下:

假设某一因变量 y 受 k 个自变量 $x_1,x_2,\cdots,x_k$ 的影响,其 n 组观测值为 $(\,y_a,x_{1a},x_{2a},\cdots,x_{ka}\,)$, $a=1,2,\cdots,n$。那么,多元线性回归模型的结构形式为

$$y_a = \beta_0 + \beta_1 x_{1a} + \beta_2 x_{2a} + \cdots + \beta_k x_{ka} + \varepsilon_a \tag{4-12}$$

式中:$\beta_0,\beta_1,\cdots,\beta_k$ 为待定参数;ε_a 为随机变量。

如果 $b_0,b_1,\cdots,b_k$ 分别为 $\beta_0,\beta_1,\cdots,\beta_k$ 的拟合值,则回归方程为

$$\hat{y} = b_0 + b_1 x_1 + b_2 x_2 + \cdots + b_k x_k \tag{4-13}$$

式中:b_0 为常数;$b_1,b_2,\cdots,b_k$ 称为偏回归系数。

偏回归系数 b_i($i=1,2,\cdots,k$)的意义是:当其他自变量 x_j($j \neq i$)都固定时,自变量 x_i 每变化一个单位而使因变量 y 平均改变的数值。

4.4.2.2　样本回归方程形式

样本回归方程的一般形式:

$$\hat{Y}_i = \hat{\beta}_0 + \hat{\beta}_1 x_1 + \hat{\beta}_2 x_2 + \cdots + \hat{\beta}_k x_k \tag{4-14}$$

4.4.2.3　参数的最小二乘估计

建立多元线性回归方程,实际上是对多元线性模型进行估计,寻求估计式 $\hat{Y}_i = \hat{\beta}_0 + \hat{\beta}_1 x_1 + \hat{\beta}_2 x_2 + \cdots + \hat{\beta}_k x_k$ 的过程。与一元线性回归分析相同,其基本思想是根据最小二乘原理,使全部观测值 Y_1 与回归值 $\hat{Y}_i$ 的残差平方和达到最

小值。

根据最小二乘法原理，β_i（$i = 0,1,2,\cdots,k$）的估计值 b_i（$i = 0,1,2,\cdots,k$）应该使

$$Q = \sum_{a=1}^{n} (y_a - \hat{y}_a)^2 = \sum_{a=1}^{n} \left[y_a - (b_0 + b_1 x_{1a} + b_2 x_{2a} + \cdots + b_k x_{ka}) \right]^2 \rightarrow \min$$

(4-15)

由求极值的必要条件得：

$$\begin{cases} \dfrac{\partial Q}{\partial b_0} = -2 \sum_{a=1}^{n} (y_a - \hat{y}_a) = 0 \\ \dfrac{\partial Q}{\partial b_j} = -2 \sum_{a=1}^{n} (y_a - \hat{y}_a) x_{ja} = 0 \quad (j = 1,2,\cdots,k) \end{cases}$$

(4-16)

将方程组展开整理后得：

$$\begin{cases} nb_0 + (\sum_{a=1}^{n} x_{1a})b_1 + (\sum_{a=1}^{n} x_{2a})b_2 + \cdots + (\sum_{a=1}^{n} x_{ka})b_k = \sum_{a=1}^{n} y_a \\ (\sum_{a=1}^{n} x_{1a})b_0 + (\sum_{a=1}^{n} x_{1a}^2)b_1 + (\sum_{a=1}^{n} x_{1a}x_{2a})b_2 + \cdots + (\sum_{a=1}^{n} x_{1a}x_{ka})b_k = \sum_{a=1}^{n} x_{1a}y_a \\ (\sum_{a=1}^{n} x_{2a})b_0 + (\sum_{a=1}^{n} x_{1a}x_{2a})b_1 + (\sum_{a=1}^{n} x_{2a}^2)b_2 + \cdots + (\sum_{a=1}^{n} x_{2a}x_{ka})b_k = \sum_{a=1}^{n} x_{2a}y_a \\ \qquad\qquad\qquad\qquad\qquad\qquad \vdots \\ (\sum_{a=1}^{n} x_{ka})b_0 + (\sum_{a=1}^{n} x_{1a}x_{ka})b_1 + (\sum_{a=1}^{n} x_{2a}x_{ka})b_2 + \cdots + (\sum_{a=1}^{n} x_{ka}^2)b_k = \sum_{a=1}^{n} x_{ka}y_a \end{cases}$$

(4-17)

上式，被称为正规方程组。

如果引入一下向量和矩阵：

$$b = \begin{pmatrix} b_0 \\ b_1 \\ b_2 \\ \vdots \\ b_k \end{pmatrix}, Y = \begin{pmatrix} y_1 \\ y_2 \\ \vdots \\ y_n \end{pmatrix}, X = \begin{pmatrix} 1 & x_{11} & x_{21} & \cdots & x_{k1} \\ 1 & x_{12} & x_{22} & \cdots & x_{k2} \\ 1 & x_{13} & x_{23} & \cdots & x_{k3} \\ \vdots & \vdots & \vdots & & \vdots \\ 1 & x_{1n} & x_{2n} & \cdots & x_{kn} \end{pmatrix}$$

(4-18)

$$A = X^{\mathrm{T}}X = \begin{pmatrix} 1 & 1 & 1 & \cdots & 1 \\ x_{11} & x_{12} & x_{13} & \cdots & x_{1n} \\ x_{21} & x_{22} & x_{23} & \cdots & x_{2n} \\ \vdots & \vdots & \vdots & & \vdots \\ x_{k1} & x_{k2} & x_{k3} & \cdots & x_{kn} \end{pmatrix} \begin{pmatrix} 1 & x_{11} & x_{21} & \cdots & x_{k1} \\ 1 & x_{12} & x_{22} & \cdots & x_{k2} \\ 1 & x_{13} & x_{23} & \cdots & x_{k3} \\ \vdots & \vdots & \vdots & & \vdots \\ 1 & x_{1n} & x_{2n} & \cdots & x_{kn} \end{pmatrix}$$

$$= \begin{pmatrix} n & \sum_{a=1}^{n} x_{1a} & \sum_{a=1}^{n} x_{2a} & \cdots & \sum_{a=1}^{n} x_{ka} \\ \sum_{a=1}^{n} x_{1a} & \sum_{a=1}^{n} x_{1a}^2 & \sum_{a=1}^{n} x_{1a}x_{2a} & \cdots & \sum_{a=1}^{n} x_{1a}x_{ka} \\ \sum_{a=1}^{n} x_{2a} & \sum_{a=1}^{n} x_{1a}x_{2a} & \sum_{a=1}^{n} x_{2a}^2 & \cdots & \sum_{a=1}^{n} x_{2a}x_{ka} \\ \vdots & \vdots & \vdots & & \vdots \\ \sum_{a=1}^{n} x_{ka} & \sum_{a=1}^{n} x_{1a}x_{ka} & \sum_{a=1}^{n} x_{2a}x_{ka} & \cdots & \sum_{a=1}^{n} x_{ka}^2 \end{pmatrix} \tag{4-19}$$

$$B = X^{\mathrm{T}}Y = \begin{pmatrix} 1 & 1 & 1 & \cdots & 1 \\ x_{11} & x_{12} & x_{13} & \cdots & x_{1n} \\ x_{21} & x_{22} & x_{23} & \cdots & x_{2n} \\ \vdots & \vdots & \vdots & & \vdots \\ x_{k1} & x_{k2} & x_{k3} & \cdots & x_{kn} \end{pmatrix} \begin{pmatrix} y_1 \\ y_2 \\ y_3 \\ \vdots \\ y_n \end{pmatrix} = \begin{pmatrix} \sum_{a=1}^{n} y_a \\ \sum_{a=1}^{n} x_{1a}y_a \\ \sum_{a=1}^{n} x_{2a}y_a \\ \vdots \\ \sum_{a=1}^{n} x_{ka}y_a \end{pmatrix} \tag{4-20}$$

则进一步写成矩阵形式

$$Ab = B \tag{4-21}$$

求解可得：

$$b = A^{-1}B = (X^{\mathrm{T}}X)^{-1}X^{\mathrm{T}}Y \tag{4-22}$$

$$L_{ij} = L_{ji} = \sum_{a=1}^{n} (x_{ia} - \bar{x}_i)(x_{ja} - \bar{x}_j) \quad (i,j = 1,2,\cdots,k) \tag{4-23}$$

$$L_{iy} = \sum_{a=1}^{n} (x_{ia} - \bar{x}_i)(y_a - \bar{y}) \quad (i = 1,2,\cdots,k) \tag{4-24}$$

则正规方程组也可以写成：

$$\begin{cases} L_{11}b_1 + L_{12}b_2 + \cdots + L_{1k}b_k = L_{1y} \\ L_{21}b_1 + L_{22}b_2 + \cdots + L_{2k}b_k = L_{2y} \\ \qquad\qquad\qquad \vdots \\ L_{k1}b_1 + L_{k2}b_2 + \cdots + L_{kk}b_k = L_{ky} \\ b_0 = \overline{y} - b_1\overline{x_1} - b_2\overline{x_2} - \cdots - b_k\overline{x_k} \end{cases} \qquad (4\text{-}25)$$

4.4.2.4　多元线性回归模型的显著性检验

1. F 检验

当多元线性回归模型建立以后,也需要进行显著性检验。因变量 y 的观测值 $y_1, y_2, \cdots, y_n$ 之间的波动或差异,是由两个因素引起的,一是由于自变量 $x_1, x_2, \cdots, x_k$ 的取值不同,二是受其他随机因素的影响而引起的。为了从 y 的离差平方和中把它们区分开来,就需要对回归模型进行方差分析,也就是将 y 的离差平方和 S_T(或 L_{yy})分解成两个部分,即回归平方和 U 与剩余平方和 Q:

$$S_T = L_{yy} = U + Q \qquad (4\text{-}26)$$

在多元线性回归分析中,回归平方和表示的是所有 k 个自变量对 y 的变差的总影响,它可以按公式计算,而剩余平方和为

$$U = \sum_{a=1}^{n} (\hat{y_a} - \overline{y})^2 = \sum_{i=1}^{k} b_i L_{iy} \qquad (4\text{-}27)$$

$$Q = \sum_{a=1}^{n} (y_a - \hat{y_a})^2 = L_{yy} - U \qquad (4\text{-}28)$$

以上几个公式与一元线性回归分析中的有关公式完全相似。它们所代表的意义也相似,即回归平方和越大,则剩余平方和 Q 就越小,回归模型的效果就越好。不过,在多元线性回归分析中,各平方和的自由度略有不同,回归平方和 U 的自由度等于自变量的个数 k,而剩余平方和的自由度等于 $n-k-1$,所以 F 统计量为

$$F = \frac{U/k}{Q/(n-k-1)} \qquad (4\text{-}29)$$

当统计量 F 计算出来之后,就可以查 F 分布表对模型进行显著性检验。

2. t 检验

$$H_0: \beta_j = 0 (j = 1, 2, \cdots, k-1); H_1: \beta_j \neq 0 \qquad (4\text{-}30)$$

$$t = \frac{\hat{\beta}_j}{s(\hat{\beta}_j)} = \hat{\beta}_j / \sqrt{\mathrm{Var}(\hat{\beta})_j} = \hat{\beta}_j / \sqrt{\hat{\sigma}^2 (X'X)^{-1}_j} \sim t(T-k) \qquad (4\text{-}31)$$

式中:H_0 为原假设,表示样本的均值与理论值没有显著差异;H_1 为备样假设,表示样本的均值与理论值存在显著差异;β_j 为标准差;$\hat{\beta}_j$ 为标准差的最佳估值。

判别规则:若 $|t| \leqslant t_{\alpha(T-k)}$,接受 H_0;若 $|t| > t_{\alpha(T-k)}$,拒绝 H_0。

4.4.3 基于 Budyko 的年径流量计算

苏联著名气候学家 Budyko(布迪科)在进行全球水量和能量平衡分析时发现,陆面长期平均蒸散发量主要由大气对陆面的水分供给(降水量)和能量供给(净辐射量或潜在蒸散发量)之间的平衡决定。基于此,在多年尺度上,用降水量 P 代表陆面蒸散发的水分供应条件,用潜在蒸散发量 E_0 代表蒸散发的能量供应条件,于是对陆面蒸散发限定了如下边界条件:

在极端干旱条件下,比如沙漠地区,全部降水量都将转化为蒸散发量 E:

$$当 \frac{E_0}{P} \rightarrow \infty \ 时, \frac{E}{P} \rightarrow 1 \tag{4-32}$$

在极端湿润条件下,可用于蒸散发的能量(潜在蒸散发)都将转化为潜热:

$$当 \frac{E_0}{P} \rightarrow 0 \ 时, \frac{E}{E_0} \rightarrow 1 \tag{4-33}$$

同时,提出了满足此边界条件的水热耦合平衡方程的一般形式:

$$E/P = F(E_0/P) = F(\varphi) \tag{4-34}$$

式中:φ 为辐射干旱指数(简称干旱指数),作为水热联系的量度指标已被广泛应用于气候带划分与自然植被带的区划,对探讨自然地理的规律具有重大意义。

Budyko 认为 $F(\varphi)$ 是一个普适函数,是一个满足以上边界条件并独立于水量平衡和能量平衡的水热耦合平衡方程,这就是 Budyko 假设。

基于 Budyko 公式,只要给定年降水和年潜在蒸散发量的变化,就可以估计年径流的变化。气候中任何条件变化都会引起降水或者潜在散蒸发量的变化,或者二者的共同变化。潜在蒸散发量的变化可能基于以下 3 个原因:①气温的变化(由于气候变暖);②净辐射的变化(由于土地利用的变化引起反照率的变化);③二者兼有。Arora 结合 Budyko 公式、水量平衡公式和干旱指数的定义,推导得到径流相对变化的计算公式:

$$\frac{\Delta R}{R} = \frac{\Delta P[1 - F(\varphi) + \varphi F'(\varphi)] - F'(\varphi)\Delta E_0}{P[1 - F(\varphi)]} \tag{4-35}$$

$$\frac{\Delta R}{R} = \frac{\Delta P}{P}(1 + \beta) - \frac{\Delta E_0}{E_0}\beta \qquad (4-36)$$

$$\beta = \frac{\varphi F'(\varphi)}{1 - F(\varphi)} \qquad (4-37)$$

式中：R 为径流量；ΔR、ΔE_0 和 ΔP 分别表示径流量、潜在蒸散发量和降水量的变化；β 为敏感性系数，在确定径流变化中非常重要。

β 是干旱指数 φ 的函数，而干旱指数是多年平均潜在蒸散发量和多年平均降水量的比值。因此，潜在蒸散发量和降水量的变化不仅直接影响径流变化，同时也间接影响着自身在径流变化中的比重。

为评价年径流量的精度，选用 Nash-Suttcliffe 效率系数作为评价指标：

$$E_{ns} = 1 - \frac{\sum_{i=1}^{n}(R_{obs} - R_{sim})^2}{\sum_{i=1}^{n}(R_{obs} - \bar{R}_{obs})^2} \qquad (4-38)$$

式中：n 为资料个数；R_{obs} 为 i 年的年径流观测值；R_{sim} 为 i 年的年径流计算值；$\bar{R}_{obs}$ 为多年径流观测值的平均值。

E_{ns} 值越接近 1，模拟效果越好。对于径流模拟来说，当 $E_{ns} \geq 0.5$ 时，模拟结果可接受；当 $E_{ns} > 0.75$ 时，模拟结果可认为最好。

4.4.4 黄河干流甘肃段年径流量还原计算

本书在已有的《基于水量还原条件下的渭河流域甘肃境内水保措施的减水减沙效应研究》成果基础上，根据黄河干流甘肃段特点及计算复杂程度，综合确定选用了分项调查法，以水量平衡为基础，对径流进行还原计算，结果见表4-8。

表4-8 黄河干流径流还原计算

年份	红旗站/亿 m³	玛曲站/亿 m³	兰州站/亿 m³	安宁渡站/亿 m³
1956	33.87	96.40	229.84	219.3
1957	32.04	111.00	267.32	260.9
1958	48.71	141.60	353.07	367.6

续表 4-8

年份	红旗站/亿 m³	玛曲站/亿 m³	兰州站/亿 m³	安宁渡站/亿 m³
1959	57.51	101.20	302.46	315.9
1960	48.61	117.10	227.01	279.9
1961	64.09	158.70	391.28	393.8
1962	47.13	137.00	297.44	300.2
1963	54.95	181.30	375.44	376.8
1964	84.64	154.80	443.97	456.0
1965	35.43	132.50	289.42	280.6
1966	58.29	176.50	349.97	346.8
1967	95.09	201.90	506.02	524.1
1968	69.83	176.40	381.59	403.5
1969	33.46	108.30	214.18	219.6
1970	48.26	102.90	251.13	256.7
1971	31.09	127.70	286.45	288.4
1972	32.23	141.00	298.04	299.4
1973	50.32	133.50	278.02	272.7
1974	32.86	133.00	278.36	275.1
1975	51.31	219.70	419.35	412.3
1976	65.56	189.00	428.23	413.7
1977	41.40	119.00	281.93	270.0
1978	66.20	137.00	310.24	299.0
1979	65.90	149.00	332.13	332.0
1980	38.70	143.00	261.83	259.0
1981	60.60	210.00	415.91	403.0
1982	42.60	190.00	358.56	353.0
1983	50.20	217.00	420.19	419.0
1984	66.20	171.00	360.82	351.0

续表 4-8

年份	红旗站/亿 m³	玛曲站/亿 m³	兰州站/亿 m³	安宁渡站/亿 m³
1985	62.20	153.00	352.57	343.0
1986	46.80	134.00	299.01	291.0
1987	37.90	123.00	229.63	223.0
1988	36.80	120.00	239.83	235.0
1989	48.81	223.00	383.95	384.2
1990	42.98	133.20	314.34	299.6
1991	26.56	108.90	254.81	251.7
1992	48.41	138.40	249.48	250.8
1993	39.61	169.80	298.80	306.8
1994	35.76	119.70	288.71	287.3
1995	33.57	112.00	263.09	267.7
1996	28.93	95.95	229.42	225.5
1997	25.17	93.98	203.22	206.6
1998	33.60	132.90	213.47	218.0
1999	36.04	175.20	276.02	270.6
2000	25.11	118.30	258.94	239.7
2001	32.57	97.80	234.81	212.9
2002	23.08	71.90	235.16	215.7
2003	44.81	139.00	219.13	205.0
2004	34.30	106.90	237.67	222.0
2005	55.07	182.00	290.52	276.3
2006	35.23	101.80	298.37	278.6
2007	44.73	131.00	306.15	286.3
2008	34.16	113.10	284.11	265.1
2009	34.63	179.10	304.14	284.4
2010	29.18	128.50	313.34	309.2

续表 4-8

年份	红旗站/亿 m³	玛曲站/亿 m³	兰州站/亿 m³	安宁渡站/亿 m³
2011	33.74	147.30	284.14	284.1
2012	56.32	192.80	378.43	385.1
2013	50.36	128.50	327.97	335.4
2014	42.54	157.50	309.37	311.5
2015	29.90	103.50	267.11	273.5
2016	28.44	84.40	234.94	238.2
2017	35.13	130.80	255.5	266.1
2018	62.46	189.30	441.8	446.6
2019	52.09	225.10	477.3	480.4
2020	68.35	247.40	504.5	506.8

第 5 章　　下垫面情况

黄河水沙减少的主要原因是降雨和下垫面两方面。下面主要从淤地坝、水库、梯田、林草植被和小型水土保持设施等因素来分析黄河干流甘肃段下垫面的具体情况。

5.1　淤地坝的发展与现状

淤地坝是指在水土流失地区小流域沟道中建造的以滞洪拦泥和淤地造田为目的的水土保持工程(黄河上中游管理局,2011)。按其库容大小,淤地坝分为大、中、小 3 种类型:库容为 50 万~500 万 m³ 的称为大型淤地坝,也叫治沟骨干工程、骨干坝;库容为 10 万~50 万 m³ 的称为中型淤地坝;库容小于 10 万 m³ 的称为小型淤地坝。

多年的运行实践证明,淤地坝是黄土高原地区防治水土流失的重要措施,也是改善生态环境及农业生产、农村生活条件和发展农村经济的重要基础工程。淤地坝不仅可以快速发挥拦沙作用,还具有淤田造地、提高粮食产量、高效利用径流、优化种植结构、改善交通条件和巩固陡坡退耕成果的作用。

5.1.1　淤地坝的发展历程

20 世纪 50 年代以来,黄土高原淤地坝的发展大体经历了 5 个阶段。

(1)试验示范阶段(1949~1957 年)。1949 年,陕北行署在米脂孙家山水花园子沟试修了 3 座淤地坝;之后陕西和山西两省扩大试验范围。至 1957 年,仅榆林地区就建成淤地坝 9 210 座、山西省中阳县建成 1 727 座;此外,黄河水利委员会西北黄河工程局还主持修建了 100 多座大型淤地坝。

(2)全面推广阶段(1958~1970 年)。20 世纪 50 年代淤地坝试验的成功,调动了群众的积极性,如山西省石楼县仅 1958 年就建成淤地坝 4 216 座。据统计,1958~1970 年黄河中游共修建淤地坝 2.76 万座,淤地 50 多万 hm²。

(3)大力发展阶段(1971~1980 年)。在 1970 年北方农业会议精神的鼓舞下,加之水坠坝技术的应用推广,淤地坝进入大力发展阶段,尤其是 1971~1975 年发展速度更为突出。不过,由于绝大多数淤地坝是群众自发修建,设计不合理、施工质量差,致使这些工程在以后的生产运行中,尤其在 1977 年和 1978 年两次特大暴雨中,损毁严重。尽管如此,黄土高原目前现有的中小型淤地坝仍多数建成于 20 世纪 70 年代,20% 以上的现有骨干坝也建成于这个时期。

(4)巩固调整阶段(1981 年至 20 世纪 90 年代后期)。由于社会经济结构和国家投资政策的调整,淤地坝建设速度明显放缓,其中中小淤地坝建设几乎停滞。总结淤地坝建设经验、技术和教训是这个时期的主要工作:坝系规划理论逐渐形成,提高了淤地坝的防洪标准,在沟道适当位置布置防洪标准更高的骨干坝,从而使淤地坝建设步入科学发展的轨道,逐步扭转了大洪水期间连锁垮坝的被动局面。

(5)坝系建设阶段(20 世纪 90 年代后期至今)。为保证淤地坝运行安全,发挥其整体效益,逐步形成了"以支流为骨架、小流域为单元,骨干坝和中小型淤地坝相配套,建设沟道坝系"的淤地坝建设思路,使淤地坝建设步入了科学规划、合理布局、完善配套、大规模、高速度、高效益的发展新阶段。

5.1.2 骨干坝现状

骨干坝,也称治沟骨干工程,通常是指总库容大于 50 万 m² 的大型淤地坝。通过比对各信息源数据,并结合典型地区的高分辨率遥感影像和实地调查,作者对骨干坝的信息进行了逐坝核实,包括建坝时间、地理位置、总库容、已淤积库容和控制面积等,建成了基于 GIS 的研究区骨干坝数据库,具备了数据查询和统计分析功能。

甘肃省黄土高原地区骨干工程始于 1985 年黄河上中游骨干工程试点开始时期,截至 2020 年全省黄土高原地区已经建成水保治沟骨干 200 多座。黄河干流甘肃段淤地坝近十年(2010~2020 年)修建情况如图 5-1 所示。对甘肃省内黄河流域的 10 个县区近十年淤地坝修建情况进行了统计,大部分县区近年来未修建淤地坝,庄浪县在 2015 年修建淤地坝 2 座,在 2020 年修建淤地坝 1 座。

淤地坝具有拦泥保土、淤地造田、防洪减灾、优化土地利用、促进退耕还林等优点,是减少入黄泥沙、提高粮食产量、保护下游安全、促进乡村振兴的有效途径,为生态环境改善和经济社会的可持续发展奠定了坚实基础。目前,甘肃省骨干工程主要是分布在庆阳、定西、兰州、平凉 4 个地市的 21 个县,其主要显现两大分布态势:一类是主要布设在局部交通堵塞,水资源极度短缺的流域内的单坝布设形式;另一类坝的布设有两个特点,一是以干沟为主线,骨干工

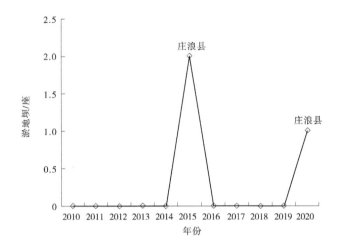

图 5-1　甘肃省 2010~2020 年淤地坝修建情况

程修建于干沟两侧的小支沟沟口的分支式,二是淤地坝相间分布,主沟与支沟环环相扣的连支式,前者工程下游地势开阔可发展灌溉养殖等水保产业,后者则形成了比较完善的沟道防护体系。

5.1.3　小淤地坝现状

不同数据源的黄河流域中小淤地坝数量差别很大。据黄河水利委员会相关部门的年报数据,截至 2011 年底,黄河流域共有中小坝 86 700 座。但由于库容小于 1 万 m³ 的小型淤地坝未纳入本次水利普查、部分淤地坝被近年城镇建设占用等原因,第一次全国水利普查成果中黄河流域的中小淤地坝只有 52 444 座。中小淤地坝建设原本主要靠地方投资和群众投工投劳。20 世纪 80 年代以后,土地包干政策的实施使靠"群众投劳"建设淤地坝的模式难以推进,因此建成的中小淤地坝很少,如府谷和横山等县 1980~2003 年基本没有自筹资金建设中小型淤地坝。据 20 世纪 90 年代前期陕北淤地坝调查和黄河水沙研究基金(第二期)项目研究可知,于 20 世纪 70 年代及之前建成的中小淤地坝基本淤满。鉴于以上原因,作者重点采集了 1990 年以来由国家计划投资和世界银行贷款投资建成的中小型淤地坝信息,认为可基本反映 1990 年以来建成的中小型淤地坝情况。

5.2　水库现状与发展

黄河流域在甘肃段水量极为丰沛,其沿线就有大小水电站 8 座,其中较为有名的水电站就有刘家峡水电站、八盘峡水电站、盐锅峡水电站、大峡水电站和小峡水电站等,如表 5-1 所示。截至 2020 年,甘肃省黄河流域内已建成水库 169 座(其中大型水库 4 座,中型水库 16 座,小型水库 149 座),塘坝 2 172 座,总库容 81.5 亿 m³。刘家峡水电站是我国首座百万千瓦级水电站,它是一个兼防洪、灌溉、养殖等综合利用价值的大型水利枢纽,其总库容 60.9 亿 m³,年发电量 57 亿 kW·h,可蓄水 57 亿 m³,水库可通过蓄洪补枯调节改善甘肃、临夏等省(自治州)105 万 hm² 农田灌溉条件。八盘峡水电站位于兰州市西固区境内,坝址以上流域面积约 21.59 万 km²,多年平均流量 1 000 m³/s,多年平均径流量 315.36 亿 m³,兼有灌溉等综合效益。盐锅峡水电站是黄河干流最早修建而成的以发电为主、灌溉为辅的大型水利枢纽,总库容 2.2 亿 m³,设计灌溉面积 0.3 万 hm²。据调查统计,经过 50 多年的建设,黄土高原地区现有淤地坝 600 多座,总库容 7 000 多万 m³,可拦蓄泥沙 4 000 多万 m³,主要分布在黄土丘陵沟壑区和黄土高原沟壑区,占总数的 82.5%。

表 5-1　黄河干流水库基本信息

库名	地理位置	修建时间	库容/亿 m³	装机容量/万 kW	年发电量/(亿 kW·h)	灌溉面积/km²
刘家峡水电站	临夏回族自治州永靖县	1958~1974 年	60.9	122.5	57	10 000
八盘峡水电站	兰州市西固区	1969~1980 年	0.49	22	11	14
盐锅峡水电站	临夏回族自治州永靖县	1958~1998 年	2.2	45.2	22.8	30
大峡水电站	白银市水川乡	1991~1998 年	0.9	30	14.6	22.78
小峡水电站	兰州市皋兰县	2001~2005 年	0.48	23	9.56	5.3

兰州站以上黄河干流全长 2 119 km,占黄河总长的 38.9%;控制集水面积 222 551 km²,占黄河总面积的 29.6%;多年平均径流量 317 亿 m³(资料至 2019 年),约占全河径流总量的 56%;多年平均输沙量 5 890 万 t(资料至 2019 年)。龙羊峡入库站唐乃亥水文站是黄河上游的重要控制站,控制流域面积 121 972 km²,控制断面以上河长 1 553 km,占全河的 28.4%;多年平均径流量 202 亿 m³(资料至 2019 年),多年平均输沙量 1 190 万 t(资料至 2019 年)。龙羊峡至刘家峡区间主要入黄支流有洮河、大夏河,控制站分别为红旗、折桥水文站;刘家峡至兰州区间主要入黄支流有湟水、大通河,控制站分别为民和、享堂水文站。兰州站以上已建成龙羊峡、李家峡、刘家峡、盐锅峡、八盘峡等大型水电站,龙羊峡水库和刘家峡水库是黄河上游的主要调节水库,共同承担着调节径流和发电、防洪、防凌、灌溉与供水等综合利用任务,其他梯级电站主要以发电为主,水量调节能力不强,还原计算不考虑其对兰州站径流的月、年分配过程的影响。本书以刘家峡水库为主来进行研究。

刘家峡水库是一座以发电为主,兼有防洪、灌溉、防凌、养殖等综合利用效益的大型水利水电枢纽工程,位于甘肃省永靖县境内黄河干流上,坝址控制流域面积 181 766 km²。水库 1968 年 10 月正式蓄水,水库正常蓄水位 1 735.00 m,汛期防洪限制水位 1 726.00 m,死水位 1 694.00 m。

5.2.1　刘家峡水库的水沙特性

刘家峡水库洮河口附近形成沙坎后,黄河来沙大多落淤在黄 9 断面以上库区,难以输移至坝前,坝前泥沙主要来源于洮河。基于 2000~2017 年距坝址上游 27.5 km 的洮河红旗站和距刘家峡坝址下游 1.2 km 的小川站的水文资料,绘制两站的年平均径流量和输沙量变化曲线,如图 5-2 和图 5-3 所示。自 2000 年以来,红旗站和小川站年径流量均无明显趋势变化,两站多年平均径流量分别为 37.1 亿 m³ 和 224.1 亿 m³。2003 年红旗站输沙量达最大值 2 175 万 t,2007 年以后两站年平均输沙量均有显著减少,与 2000~2007 年相比,2008~2017 年红旗站与小川站年平均输沙量分别减少约 32% 与 36%。

由于受洮河口附近沙坎影响,输移至刘家峡水库坝前的泥沙主要来自洮河。2000~2017 年红旗站和小川站的实测资料显示,在该统计年份内,2003 年刘家峡水库年进出库沙量之差为最大值,即年淤积 484.9 万 t。2004 年刘家峡大坝进出沙量之差为最小值,即年冲刷 301.0 万 t。其余年份刘家峡大坝进出沙量变化相对较小,基本处于冲淤平衡状态。

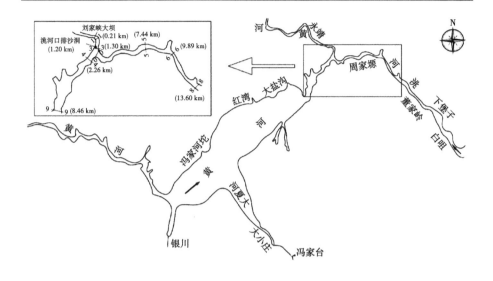

图 5-2 刘家峡水库库区

5.2.2 洮河口排沙洞的排沙效果

5.2.2.1 异重流排沙过程

黄河刘家峡水库洮河口排沙洞 2015 年 9 月建成运行,其进口底坎高程 1 665 m,运行方式为排沙兼顾发电,设计最大下泄流量为 600 m³/s,设计装机容量 300 MW。据统计,2015~2018 年洮河口排沙洞排沙运用 42 次,累计排沙量 959.1 万 t。根据刘家峡电厂的水文监测资料,以及汛期洮河形成的沙峰和《洮河异重流传播时间查用表》可判断异重流的形成过程。2015 年 9~11 月,洮河口排沙洞共进行了 7 次提门冲沙运用,累计排沙 12.17 h,排沙量 24.3 万 t,是红旗站全年输沙量的 15.7%。2016 年洮河口排沙洞共进行了 4 次冲沙作业、1 次异重流排沙,累计排沙 12.91 h,排沙量 71.9 万 t,是红旗站全年输沙量的 40.1%,其中 7 月 24 日异重流排沙排出 54.4 万 t。2017 年洮河口排沙洞共进行了 10 次冲沙运用,累计排沙 1 423 h,排沙量 37.9 万 t,是红旗站全年输沙量的 16.1%。2018 年洮河口排沙洞共进行了 20 次排沙运用,累计排沙 825 万 t。以 2018 年的 5 次异重流排沙过程进行分析,其主要特征值如表 5-2 所示,排沙洞排沙量越大所需水量也越多。

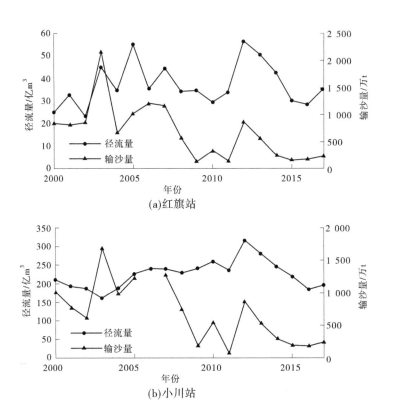

(a)红旗站

(b)小川站

图 5-3　刘家峡水库年径流量和输沙量变化曲线

表 5-2　2018 年 5 次异重流排沙过程

编号	测次时间	排沙量/万 t	用水量/亿 m³	排水含沙量/(kg/m³)	排沙比/%
测次 1	7 月 2~4 日	28.0	0.120	23.3	20.8
测次 2	7 月 18~19 日	498.0	0.580	85.9	85.4
测次 3	8 月 2~3 日	49.5	0.290	17.1	70.6
测次 4	8 月 4 日	7.8	0.075	10.4	22.0
测次 5	8 月 8 日	16.5	0.128	12.9	45.2

异重流排沙过程特征显示,排沙洞的排沙效果受洮河来水来沙条件及排沙洞工作闸调度的时机选择等因素影响,当洮河小水少沙时排沙洞可适当延

后排沙,以节约水耗。当洮河大水时应及时排沙,有助于长期保持水库有效库容。如图 5-4 所示,在测次 1 的排沙过程中,排沙洞排沙延时较长,前期来沙在排沙洞附近淤积,因此开启闸门排沙时需先排清前期淤沙,随着排沙过程推进,排沙洞含沙量逐渐接近实际来流含沙量。在测次 2 的排沙过程中,排沙洞闸门开启及时,不晚于红旗站至洮河口的水沙过程时差,排沙洞含沙过程与实际来流的含沙量过程基本一致,排沙洞排沙比约为 85.4%,是一次效果显著的排沙调度。

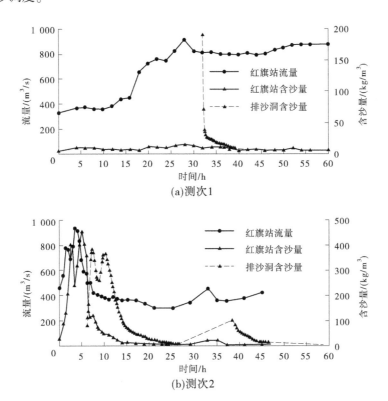

(a)测次1

(b)测次2

图 5-4　异重流排沙效果

5.2.2.2　过机泥沙颗粒变化

根据每年汛后刘家峡水库淤积物的泥沙颗粒级配统计资料,以黄 1 断面实测悬沙级配为代表,分析排沙洞运用前后刘家峡水电站过机泥沙粒径级配变化情况,如图 5-5 所示。2015 年 9 月洮河口排沙洞建成运用以后,刘家峡水库运行方式发生了较大改变,汛期洮河来沙由排沙洞直接排出库区,不但降低了水电站过机含沙量,而且较粗泥沙颗粒经洮河口排沙洞可直接排出库区,从而使过机泥沙颗粒粒径明显减小。实测资料表明,洮河口排沙洞建成运用后,近坝址的黄 1 断面悬沙中值粒径由 0.035 mm 减小到了 0.015 mm,可以有效改善坝前泄水建筑物的淤堵及机组磨损。

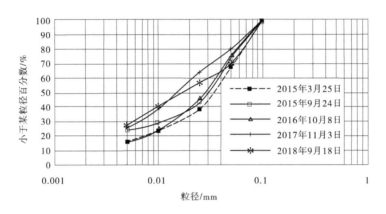

图 5-5　黄 1 断面泥沙颗粒级配曲线

5.2.3　排沙洞运行以来库区河道演变

5.2.3.1　洮河段冲淤变化

刘家峡水电厂每年汛前和汛后均对洮河段进行了断面测量,受库区水位影响,河段每年的测量范围有一定的差别。2016 年以前由于汛后库区水位较低,通常只能观测至洮 8 断面附近。根据 2015~2018 年汛后洮河河段的洮 0 至洮 8 断面实测资料,2015 年以来,位于洮河口的洮 0 断面冲淤变化幅度略大,其余断面变化幅度较小,洮河段深泓线变化如图 5-6(a)所示。采用断面法计算 2015~2018 年洮河自洮 0 至洮 8 断面河段冲淤变化结果,如图 5-6(b)所示。2015~2016 年、2016~2017 年和 2017~2018 年河段累计冲淤量分别为-35.96 万 m^3、17.15 万 m^3 和 3 637 万 m^3,其中 2015~2016 年洮 8 至洮 2 河段表现为冲刷,冲刷量为 55.89 万 m^3,洮 2 至洮 0 河段淤积,淤积量为 19.93 万 m^3;2016~2017 年洮 8 至洮 4 河段冲淤变化不大,洮 4 至洮 1 河段淤积 2 096 万 m^3,洮 1 至洮 0 河段冲刷 5.77 万 m^3;2017~2018 年洮 8 至洮 5 河段淤积 44.53 万 m^3,洮 5 至洮 2 河段冲刷 981 万 m^3,洮 2 至洮 0 河段淤积 165 万 m^3。

根据洮河红旗站的水文监测资料,2015~2017 年洮河来水来沙量均有增加,其中 2017 年来沙量为 235.77 万 t,年增幅达 55 万 t,这是河段发生淤积的主要原因。自 2015 年 9 月洮河口排沙洞建成运行以来,2016 年和 2017 年排沙洞分别累计排沙 71.9 万 t 和 37.9 万 t,这在一定程度上有效地减缓了洮河段的泥沙淤积,甚至可促使局部河段发生冲刷,恢复洮河段库容。

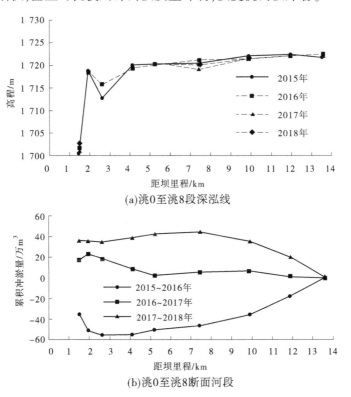

(a)洮0至洮8段深泓线

(b)洮0至洮8断面河段

图 5-6 2015~2018 年洮河段汛后冲淤变化

5.2.3.2 黄河干流坝前河段冲淤变化

为了评估近年来刘家峡水库坝前段河床的冲淤变化,刘家峡水电厂采用 GPS 联合超声波测深仪测量了库区坝前段水下地形。2015~2018 年黄河干流坝前河段的水下地形测绘资料显示,2015 年以来,位于坝址的黄 1 断面和洮河口附近的黄 3 断面冲淤变化幅度略大,如图 5-7(a)所示。位于黄 4 断面下游约 185 m 的黄 4 下断面及其余断面的冲淤变化不大。采用 GIS 体积统计法计算 2015~2018 年黄河干流自黄 4 断面以下至黄 1 断面河段冲淤变化显示:2015~2016 年、2016~2017 年和 2017~2018 年该河段累积冲淤量分别为 4 367 万 m³、−16.59 万 m³ 和−12.16 万 m³。

2015 年排沙洞运行以来,黄河近坝段冲刷主要发生在坝前段靠右岸的深泓线一侧和排沙洞附近区域。黄河坝前段深泓线的变化情况如图 5-7(b)所

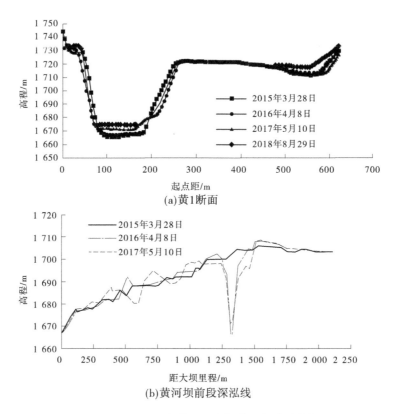

(a)黄1断面

(b)黄河坝前段深泓线

图 5-7　2015~2018 年黄河干流坝前河段冲淤变化

示,2015~2017 年黄河坝前段深泓线高程总体变化不大。在距坝约 1 300 m 的区域,深泓变化较明显,这与附近的洮河口排沙洞排沙调度有关。由于 2017 年洮河来沙量增大,排沙洞附近高程有所抬升。

5.2.3.3　洮河入汇黄河的水下地形变化

洮河口附近冲刷漏斗及黄河干流沙坎的演变,受洮河来水来沙条件和排沙洞调度运行方式等因素的综合影响。根据 2015~2018 年洮河口实测水下地形资料,绘制洮河口附近地形,如图 5-8 所示。自洮河口排沙洞建成运行以来,洮河口附近河床高程显著降低,排沙洞附近形成的冲刷漏斗平面范围有所扩大,其影响区域向上游黄河段沙坎附近和洮 1 断面逐渐发展,至 2018 年 8 月,排沙洞前冲刷漏斗规模已达 42.1 万 m³。根据 2015~2017 年红旗站的水文监测资料,洮河来沙量逐年增大,但在排沙洞的调度运行作用下黄河干流形成的沙坎高程变化不大。综上所述,排沙洞运行一方面明显促进了冲刷漏斗发展,另一方面也有效控制了黄河沙坎高程的抬升。

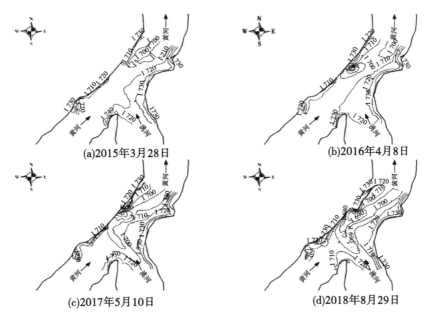

图 5-8　2015~2018 年洮河入汇黄河口的地形变化

5.3　梯田情况

5.3.1　梯田面积

从认识黄河水沙变化原因角度,梯田面积、田面宽度、田面坡度与坡向、田埂高度、田埂完整性等是决定梯田减水减沙作用的关键因素。传统概念中,梯田统计数据是相对可靠的水土保持统计数据。不过,从近年的实地调查了解到,目前的梯田统计数据与实际规模可能存在很大差异。一方面,第一次全国水利普查尽管对梯田的统计口径进行了规范,但实际上各省区统计口径仍有所区别,有的没有包括田面宽不足 8 m 的梯田,有的不包括田面宽 2~3 m 的条田或水平阶。另一方面,因瞒报或虚报致使有的县区同时有多套数据。不同数据源给出的梯田面积差异。鉴于各地梯田质量差别很大、梯田面积的统计数据难以满足水沙变化分析的要求,为准确掌握黄土高原水平梯田现状,本书研究利用 2012 年高分辨率卫星遥感影像,采用统一的尺寸、位置和坡度标准,对河龙区间黄土丘陵区、北洛河上游、泾河黄土丘陵区和残塬区、渭河拓石以上地区、祖厉河流域和清水河上中游等严重水土流失区的梯田面积进行解译,解译区域的面积为17.76万 km²,该区不仅是黄土高原梯田主要分布区,其来沙量也占潼关以上入黄沙量的81%。

针对梯田纹理特征,经信息源比选,选择资源三号卫星影像为信息源,通过全色(2.1 m)和多光谱(5.8 m)融合,空间分辨率达到2.1 m;影像的时相主要为2012年1~6月、部分为10~12月,以避开植被生长旺盛期对梯田识别的影响。梯田信息提取是基于 ArcGIS 软件环境,参考解译标志,采用人机交互方式勾绘梯田边界。水平梯田提取的基本原则是"遥感影像上梯田纹理可识别的台阶化土地",故实际解译的对象为田面宽度约5 m以上,具有一定水土保持效益的台阶化土地。

甘肃黄河干流流域梯田面积数据如图5-9所示,可知2010~2013年,梯田总体呈下降趋势,2014~2017年呈现平稳趋势,2018~2020年总体呈上升趋势。

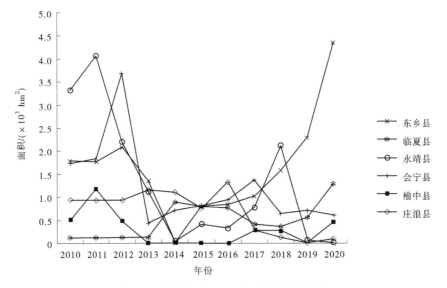

图 5-9　甘肃省 2010~2020 年梯田统计图

5.3.2　梯田分布

梯田是在坡地上修起的具有阶梯形的农田,有利于坡地水土流失,其蓄水保土和增产作用十分显著。近十年来梯田建设数量发生了较大变化,皋兰县与榆中县一带梯田建设力度不大,因退耕、雨毁、年久失修等,梯田数量甚至有所减少,而陇西县、会宁县成为了甘肃省黄河流域梯田主要分布区,但梯田较老旧,未来甘肃省黄河流域梯田建设应以旧梯田改造为主,今后梯田建设的重点应注重"质"的提高。

5.4　植被覆盖度变化情况

目前,据 2010~2020 年甘肃省黄河流域 10 县区统计资料分析表明,乔木林面积呈逐年上升趋势,且在 2018 年东乡县乔木林面积最大达到 2 280 hm²;灌木林在 2012 年面积最大,尤其是会宁县有 3 710 hm²,总体呈现先增长再下降趋势;荒坡种草在 2010~2016 年不是很明显,后期在 2018 年得到了人们的高度重视,其中东乡县荒坡种草面积高达 13 400 hm²,总体呈上升趋势;封山育林在 2020 年面积增长的尤为突出,其中庄浪县高达 3 280 hm²,总体来说是近年来封山育林呈现先增长后下降再增长趋势;封坡育草近年来增长比较稳定,唯有东乡县在 2020 年猛增达 10 300 hm²,总体来说增幅平稳,如图 5-10~图 5-14 所示。

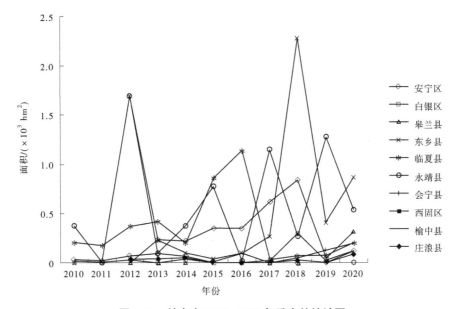

图 5-10　甘肃省 2010~2020 年乔木林统计图

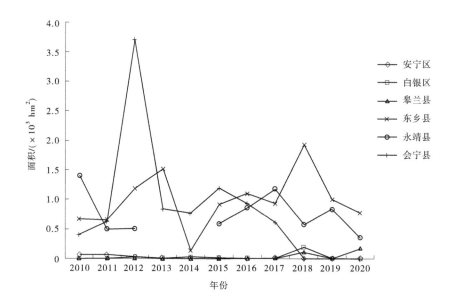

图 5-11　甘肃省 2010~2020 年灌木林统计图

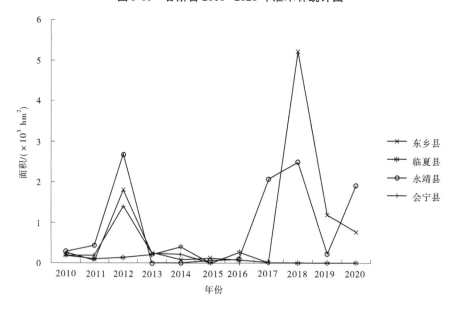

图 5-12　甘肃省 2010~2020 年荒坡种草统计图

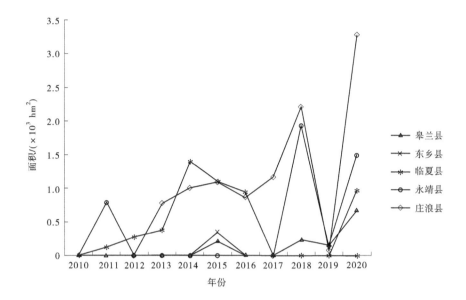

图 5-13　甘肃省 2010~2020 年封山育林统计图

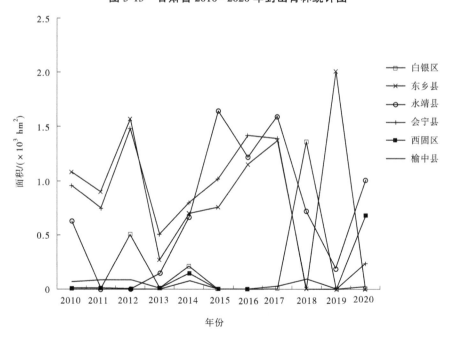

图 5-14　甘肃省 2010~2020 年封坡育草统计图

5.5　基于遥感影像的降水、径流、输沙的相关性分析

植被盖度是衡量生态系统平衡的重要指标,是影响地表土壤侵蚀和水土流失的重要因子。盖度增加意味着植被状况在改善或者向健康的方向发展,而盖度减少则预示着植被的退化,表明植被向裸地或者荒漠化的方向发展。植被盖度的确定主要有两种方式:第一,传统的样方法;第二,遥感法。前者可以获取高精度的盖度数据,但是用样方盖度数据来表征整个研究区的植被盖度状况具有一定的片面性,同时,在样方的选取上也具有一定的主观性;而后者可以获取整个研究区的植被盖度,遥感解译技术的发展提升了获取数据的精度,因此遥感法成为近年来植被盖度估算的常用方法。

5.5.1　基于遥感影像的植被覆盖度估算方法

基于遥感影像的植被盖度提取流程如下。

5.5.1.1　遥感影像数据的下载(Landsat-8)

2013 年 2 月 11 日,美国国家航空航天局(NASA)成功发射 Landsat-8 卫星。Landsat-8 卫星上挟带 2 个传感器,分别是 OLI 陆地成像仪(Operational Land Imager)和 TIRS 热红外传感器(Thermal Infrared Sensor)。Landsat-8 在空间分辨率和光谱特性等方面与 Landsat1-7 保持了基本一致,卫星一共有 11 个波段,波段 1~7、9~11 的空间分辨率为 30 m,波段 8 为 15 m 分辨率的全色波段,卫星每 16 天可以实现一次全球覆盖。OLI 陆地成像仪有 9 个波段,成像宽幅为 185 km×185 km。

5.5.1.2　基于像元分解模型的估算流程

植被覆盖度是指植被(包括叶、茎、枝)在地面的垂直投影面积占统计区总面积的百分比,是刻画地表植被覆盖的一个重要参数,也是指示生态环境变化的重要指标之一。目前,计算植被覆盖度可分为地面测量和遥感估算两种方法,每种方法适用于不同尺度,地面测量常用于田间尺度,遥感估算常用于区域尺度。由于遥感具有大面积同步观测,时效性强、周期性短、获取信息速度快等优势,利用卫星遥感技术能动态反映区域植被覆盖度的变化,能够为林业、草原、湿地资源调查监测等提供基础数据,为草原、湿地、林业资源管理和生态修复提供科学决策依据。

归一化植被指数(NDVI)是反映农作物长势和营养信息的重要参数之一。根据该参数,可以知道不同季节的农作物对氮的需求量,对合理施用氮肥具有

重要的指导作用。表达式如下：

$$NDVI = (NIR - R)/(NIR + R) \tag{5-1}$$

式中：NIR 为近红外波段的反射值；R 为红波段的反射值。

　　像元二分模型是线性混合像元分解模型中最简单、应用最广泛的模型，假设像元只有植被与非植被覆盖地表两部分构成，光谱信息也只由两个组分线性合成，它们各自的面积在像元中所占比率即为各因子的权重，其中植被覆盖地表占像元的百分比即为该像元的植被覆盖度。基于像元二分模型的植被覆盖度表达式为

$$F_c = (NDVI - NDVI_{soil})/(NDVI_{veg} - NDVI_{soil}) \tag{5-2}$$

式中：$NDVI_{veg}$ 表示纯植被部分覆盖像元的 $NDVI$ 值；$NDVI_{soil}$ 表示纯裸土部分覆盖像元的 $NDVI$ 值。

　　像元二分模型形式简单，具有一定的物理意义。对于大多数类型裸土表面，$NDVI_{soil}$ 理论上应该接近于 0，然而由于大气及地表等因素影响，$NDVI_{soil}$ 通常会随时空变化，其变化范围一般为 -0.1~0.2。由于试验区内有较大区域的水体存在，这使得 $NDVI_{soil}$ 的取值受到很大影响，进而影响到试验结果的正确性。因此，通过改进的归一化差异水体指数 $MNDWI$ 对试验区内的水体进行剔除，并在此基础上选取一定的置信区间内的最大值与最小值分别作为 $NDVI_{max}$ 与 $NDVI_{min}$。确定 $NDVI_{max}$ 与 $NDVI_{min}$ 在累积概率 95% 和 5% 处，将其分别设置为 $NDVI_{veg}$ 和 $NDVI_{soil}$ 的值。植被覆盖度计算流程如图 5-15 所示。

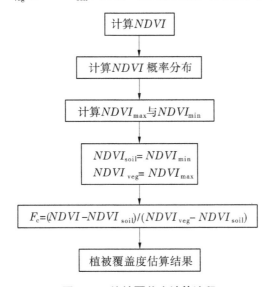

图 5-15　植被覆盖度计算流程

1. 软件开发

针对本书项目的需要,开发了植被覆盖度处理软件,该软件实现了遥感影像批量下载、辐射校正、大气校正,以及 NDVI、覆盖度的计算。

2. 项目成果

将计算植被覆盖度按照表 5-3 进行等级划分,并统计其所占面积百分比。

表 5-3　植被覆盖度等级划分

序号	覆盖度取值范围	等级
1	0~0.1	低覆盖度区
2	0.1~0.3	较低覆盖度区
3	0.3~0.5	中覆盖度区
4	0.5~0.8	较高覆盖度区
5	0.8~1	高覆盖度区

5.5.2　黄河干流甘肃段 NDVI 变化

实施退耕还林还草工程以来,黄河干流甘肃段 NDVI 发生了巨大变化,一系列工程措施、林草措施、耕作措施的实施不断改变地表植被覆盖状况。从 2000~2015 年黄河流域甘肃段 NDVI 表现来看,植被覆盖表现出明显增加,主要表现在流域的南部,尤其是中南部面积变化最大,西南部及东部植被覆盖增加也较多,如图 5-16 所示。

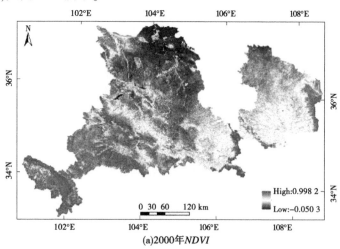

(a)2000年NDVI

图 5-16　黄河干流甘肃段 NVDI 变化

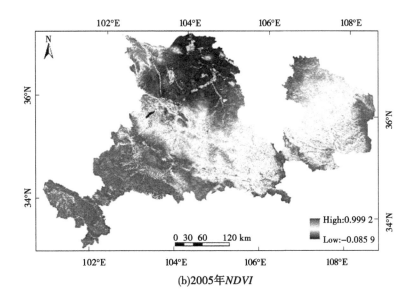

(b)2005年*NDVI*

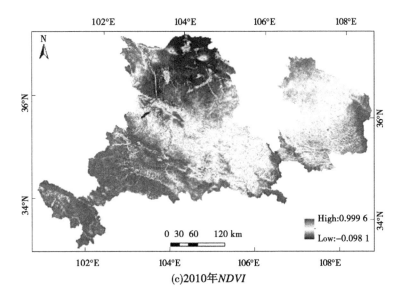

(c)2010年*NDVI*

续图 5-16

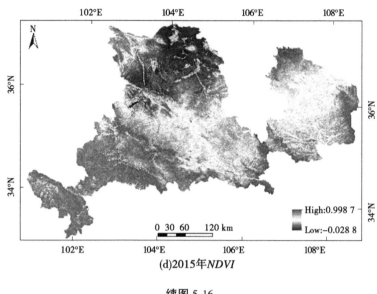

(d)2015年*NDVI*

续图 5-16

5.5.3 黄河干流甘肃段 *NDVI* 与降水量的相关性分析

在空间上,黄河干流甘肃段 *NDVI* 与降水量在大部分区域表现出显著正相关性(见图 5-17)。尤其是在研究区的背部相关性最显著,其次是西南部。流域北部显示出相关性最强,也最显著。这说明流域北部的降水对植被生长的影响更大。北部的天祝县、榆中县、白银市、永登县、景泰县、靖远县、会宁县、东乡县、临洮县、渭源县、通渭县、陇西县、静宁县等表现出较强的正相关。

5.5.4 黄河干流甘肃段 *NDVI* 与径流量的相关性分析

黄河干流甘肃段 *NDVI* 与径流量在空间上大部分区域表现出显著的正相关,仅在流域北部小部分区域表现出显著的负相关,但这种负相关并不显著,如图 5-18 所示。

5.5.5 黄河干流甘肃段 *NDVI* 与输沙量的相关性分析

黄河干流甘肃段 *NDVI* 与输沙量的相关性在流域中表现出巨大的差异,总体上流域南部较多区域是正相关,流域中北部较多区域是负相关,但是大部分区域的相关性并不显著,如图 5-19 所示。

由此可知,黄河干流甘肃段植被覆盖明显增加,尤其在流域的南部;*NDVI*

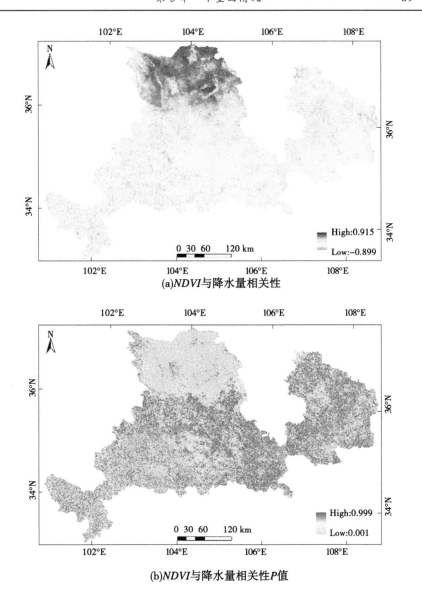

(a)*NDVI*与降水量相关性

(b)*NDVI*与降水量相关性*P*值

图 5-17　黄河干流甘肃段 *NVDI* 与降水量相关性

与降水量、径流量在大部分区域表现出显著正相关性,表明植被覆盖与降水量、径流量呈正相关;植被覆盖情况与输沙量在空间上有较大差异,南部呈正相关,北部呈负相关。

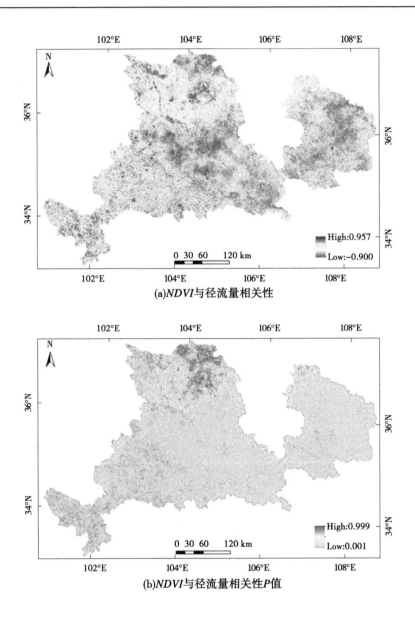

(a)NDVI与径流量相关性

(b)NDVI与径流量相关性P值

图 5-18 黄河干流甘肃段 NDVI 与径流量相关性

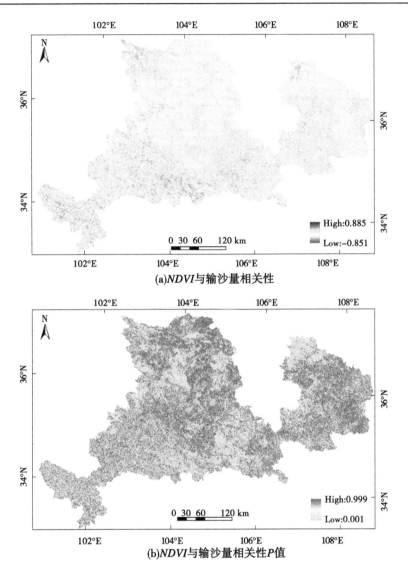

(a)NDVI与输沙量相关性

(b)NDVI与输沙量相关性P值

图 5-19　黄河干流甘肃段 NDVI 与输沙量相关性

第6章　典型流域祖厉河降水、径流、泥沙分布规律

祖厉河流域自 1956 年以来主要布设了会宁、定西、郭城驿等 23 个水文站,见图 6-1。本章主要是对会宁、靖远和郭城驿等 3 个水文站进行降水、径流、泥沙规律研究分析。

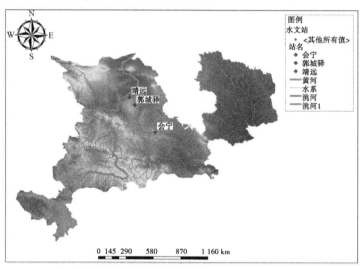

图 6-1　祖厉河流域水文站及区间分布

6.1　降　水

6.1.1　资料收集与整理

甘肃省境内黄河干流一级支流祖厉河降水资料选自甘肃省水文站汇编资料、甘肃省气象站资料、黄河水利委员会在甘肃降水量站资料,以及邻省边界降水量站点资料。因部分站点观测资料系列短、相距不远,且降水量相差很小,经认真分析、比较、筛选,选用资料质量较好、系列较长、面上分布均匀,且能反映地形变化影响的站点,作为降水评价分析及等值线图绘制的依据站点

和参考站,最终确定选用 3 个降水量站作为代表站,具体情况见表 6-1。

表 6-1　祖厉河流域降水量代表站

序号	水系	河名	站名	站别	坐标		高程/m
					东经	北纬	
1	黄河干流	祖厉河	会宁	水文	105°03′	35°43′	1 710
2	黄河干流	祖厉河	靖远	水文	104°40′	36°33′	1 398
3	黄河干流	祖厉河	郭城驿	水文	104°53′	36°13′	1 520

6.1.2　降水量不同年代丰枯变化

点绘各雨量站年降水量顺时序逐年过程线及差积曲线,如图 6-2~图 6-4 所示。从图中可以看出:会宁站自 1956~1968 年持续性上升,自 1969~1990 年呈现"枯—丰—枯"交替变化,自 1991 年以后持续性减少;靖远站从 1956~ 1969 年持续性上升,自 1970~2004 年呈现"枯—丰—枯"交替变化,自 2005 年后持续性减少;郭城驿站自 1956~1968 年持续性上升,自 1969~1989 年呈现 "枯—丰—枯"交替变化,自 1990~2004 年为平水年,自 2005 年以后持续性减少;各代表站年降水量差积曲线均历经了丰、平、枯的变化过程,说明资料系列具有较好的代表性。

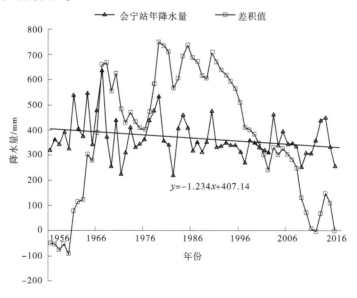

图 6-2　会宁站年降水量过程线及差积曲线

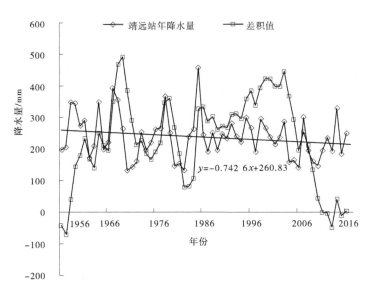

图 6-3 靖远站年降水量过程线及差积曲线

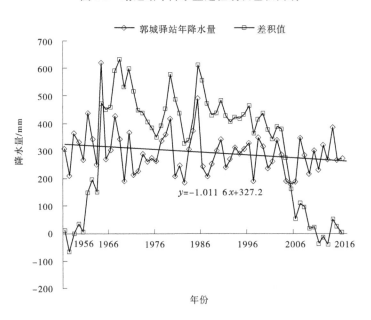

图 6-4 郭城驿站年降水量过程线及差积曲线

以年代为时间单元,分析比较各站点不同时段降水量模比系数,见表 6-2 和图 6-5。

表 6-2　祖厉河流域降水量不同年代模比系数 k_p 值

年代	主要代表站点降水量不同年代模比系数 k_p 值		
	会宁站	靖远站	郭城驿站
20 世纪 50 年代	0.96	1.15	1.03
20 世纪 60 年代	1.16	1.15	1.17
20 世纪 70 年代	1.05	0.94	1.02
20 世纪 80 年代	0.96	0.96	0.95
20 世纪 90 年代	0.94	1.07	1.00
21 世纪 00 年代	0.93	0.88	0.86
21 世纪 10 年代	0.95	0.92	0.99

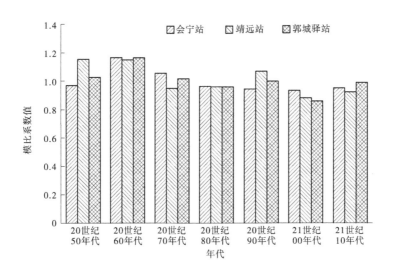

图 6-5　祖厉河流域模比系数

6.1.3　降水量资料系列趋势及突变变化分析

样本站点变化趋势是一个非平稳时间序列,变化趋势可能是线性,也可能是非线性。要识别一个观测序列的趋势性有很多方法,采用坎德尔秩次相关检验法对 3 个样本代表站 1956~2016 年系列降水量变化趋势显著,选用 95%置信度($\alpha = 0.05$);选用滑动 T 检验法进行时间序列突变分析,选择置信度($\alpha = 0.05$)、$T_{\alpha/2} = 2.00$,结果见表 6-3。

表 6-3　祖厉河流域降水量趋势项检验

站名	趋势方程	坎德尔秩次相关法			滑动 T 检验法		
		$\lvert U \rvert$	$U_{\alpha/2}$	趋势显著否	$\lvert T \rvert$	$T_{\alpha/2}$	跳跃显著否
会宁	$y = -1.234x + 407.14$	2.24	1.96	显著	2.53	2.00	显著
靖远	$y = -0.742\ 6x + 260.83$	1.26	1.96	不显著	2.19	2.00	显著
郭城驿	$y = -1.011\ 6x + 327.2$	1.31	1.96	不显著	2.54	2.00	显著

通过表 6-3 可以看出:坎德尔秩次相关法,选择 $\alpha = 0.05$、$U_{\alpha/2} = 1.96$ 时,会宁站变化趋势显著,靖远、郭城驿变化趋势不显著。

选择置信度($\alpha = 0.05$)、$T_{\alpha/2} = 2.00$ 时 3 个代表站均为显著性跳跃,但降水量显著跳跃的年份不一样,无明显的年代规律可循(见图 6-6)。

6.1.4　降水量变化特征分析

6.1.4.1　降水量年内变化特征分析

研究区年内降水量有较大差异,主要集中在 5~9 月(见图 6-7),其中 8 月降水量最多,7 月次之,占全年降水量的 41.30%;5~9 月月均降水量分别为35.70 mm、39.20 mm、59.50 mm、65.50 mm 和 41.80 mm,分别占年均降水量为 11.80%、12.90%、19.70%、21.60% 和 13.81%,占全年降水量的 79.81%;而 1 月、2 月和 12 月的降水量很少,仅占全年降水量的 2.30%。月均降水量变异系数为 86.58%,极差为 64.40 mm,说明年降水量在年内变化很大,变化幅度明显。

6.1.4.2　降水量年际变化趋势分析

研究区 1956~2019 年年均降水量为 301.1 mm,年均汛期降水量为 139.8 mm[见图 6-8(a)]。其中,1964 年的降水量最大为 506.5 mm,1982 年降水量最小为 178.7 mm,两者相差 327.8 mm,最大降水量是最小降水量的 2.83 倍;

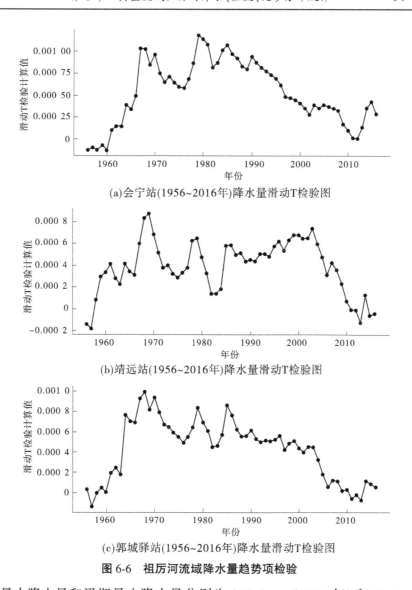

(a)会宁站(1956~2016年)降水量滑动T检验图

(b)靖远站(1956~2016年)降水量滑动T检验图

(c)郭城驿站(1956~2016年)降水量滑动T检验图

图 6-6　祖厉河流域降水量趋势项检验

汛期最大降水量和汛期最小降水量分别为 262.9 mm(1964 年)和 54.4 mm
(1971 年)。汛期降水量占全年降水量的 46.3%以上,说明全年降水量主要集
中在汛期。两者具有显著相关性,相关系数 R 值为 0.743。1957~2016 年降
水量变化趋势分析表明,年降水量略有降低的趋势[见图 6-8(b)],但没有达
到显著水平(p>0.05)。

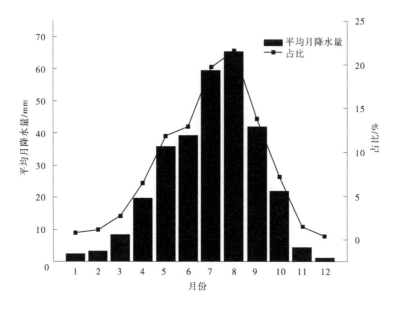

图 6-7　1956~2019 年降水量年内分配

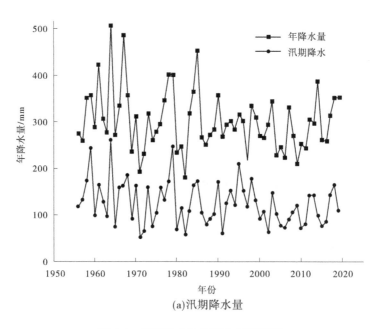

(a)汛期降水量

图 6-8　汛期降水量和降水量变化图

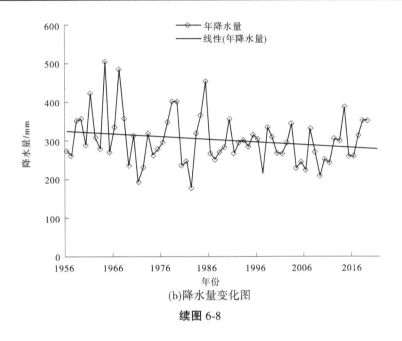

(b)降水量变化图

续图 6-8

6.2　径　流

6.2.1　资料系列收集与处理

本次径流资料选自祖厉河流域的会宁、靖远、郭城驿 3 个水文站,基本信息见表 6-4。

表 6-4　祖厉河流域径流资料代表水文站

序号	水系	河名	站名	站别	集水面积/km²
1	黄河干流	祖厉河	会宁	水文	1 042
2	黄河干流	祖厉河	靖远	水文	10 647
3	黄河干流	祖厉河	郭城驿	水文	8 923

6.2.2　径流量年内变化特征分析

研究区年内径流量有较大差异,主要集中在 6~9 月(见图 6-9),其中 8 月径流量最多,7 月次之,占全年径流量的 52.16%;6~9 月的径流量分别为 175

万 m^3、426 万 m^3、435 万 m^3 和 149 万 m^3,分别占年均径流量为 10.58%、25.81%、26.35% 和 9.02%,占全年径流量的 71.76%;而 1 月、2 月和 12 月的径流量很少,分别为 24 万 m^3、35 万 m^3 和 30 万 m^3,占年均径流量为 1.50%、2.13% 和 1.79%,仅占全年径流量的 5.42%。月均径流量变异系数为 104.61%,极差为 410 万 m^3,说明径流量在年内变化很大,变化幅度明显。

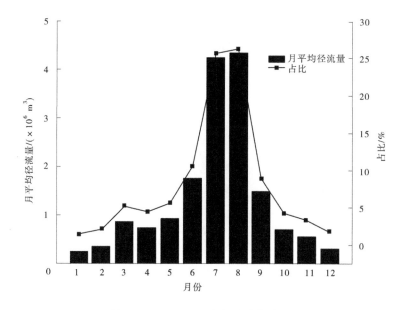

图 6-9   1957~2019 年径流量年内分布图

6.2.3   径流量年际变化趋势分析

根据观测数据,研究期年均径流量为 2 106.80 万 m^3,年均汛期径流量为 1 570.94 万 m^3[见图 6-10(a)]。其中,1959 年的径流量最大为 6 634.3 万 m^3,2016 年径流量最小为 814.7 万 m^3,最大年径流量是最小年径流量的 8.14 倍;汛期最大年径流量和汛期最小年径流量分别为 6 330.3 万 m^3(1959 年)和 328.3 万 m^3(2016 年)。汛期径流量占全年径流量的 85% 以上,说明全年径流量集中在汛期。两者具有显著相关性,相关系数 R 为 0.993。1957~2019 年径流量变化趋势分析表明,年径流量总体出现波动下降的趋势[见图 6-10(b)]。

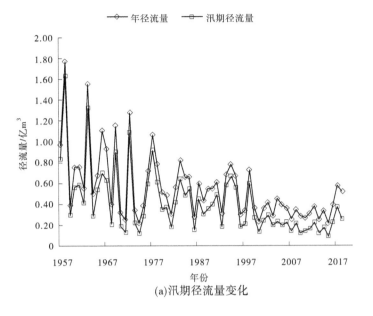

(a)汛期径流量变化

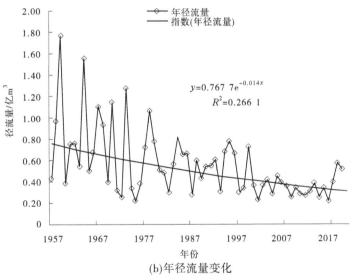

$$y=0.767\ 7e^{-0.014x}$$
$$R^2=0.266\ 1$$

(b)年径流量变化

图 6-10　汛期径流量和年径流量变化曲线

6.2.4　径流量阶段性及突变特征分析

采用累积距平方法分析研究区 1957~2019 年径流量的丰—枯阶段性特征。由图 6-11(a)年径流量累积距平变化曲线可看出:在 1957~1973 年径流量累积距平线持续升高,表明该时段为丰水期;在 1985~2019 年径流量累积距平线持续降低,表明该时段为枯水期,年际间径流量存在较为明显的波动。

对年径流量变化趋势和突变进行分析。对径流量 M-K 非参数检验分析表明,1957~2019 年研究区年径流量总体呈现先增加后减少的趋势,且年际变化差异较大[见图 6-11(b)]。M-K 趋势检验表明,1957~1970 年(除了 1957年、1960 年和 1961 年 UF=0,没有趋势特征)统计量 UF 先正值后负值交替出现,说明年径流量呈现先增加后减少后增加交替趋势,但没有达到显著水平($p>0.05$),平均径流量 3 227.35 万 m^3;在 1971~1999 年的统计量 UF 为负值,说明径流量呈减少趋势,其中 1971~1979 年呈现显著减少趋势($p<0.05$),平均径流量 2 055.03 万 m^3;在 2000~2019 年,径流量呈显著减少趋势($p<0.05$),平均径流量 1 323.98 万 m^3;同时 UF 与 UB 两条曲线在 1992 年出现了交点,说明突变点出现在 1992 年。

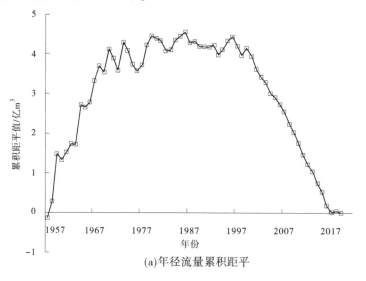

(a)年径流量累积距平

图 6-11　年径流量累积距平和 M-K 检验图

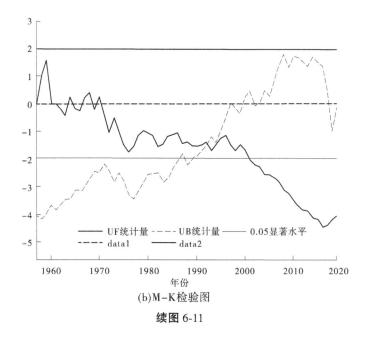

(b)M-K检验图

续图 6-11

6.2.5　径流量周期变化分析

6.2.5.1　时间尺度周期性分析

小波系数实部反映时间序列的周期变化及振幅大小情况,进而可以推断时间序列在不同时间尺度上的未来变化趋势。图 6-12(a)是研究区年径流量时间序列小波系数实部等值线图。从图 6-12(a)可以看出,年径流量存在 4 种尺度的周期变化:4~6 a、8~12 a、14~25 a 和 35~65 a。这 4 种尺度下径流量在整个时间序列丰、枯水期交替变化明显。小尺度 4~6 a 的周期性变化在 1960~2005 年表现得较为活跃,存在"枯—丰"交替的周期性变化。8~12 a 尺度上的周期性变化主要在 1960~1995 年变化明显,存在"枯—丰"交替的 6 次振荡;在 1998~2005 年,14~25 a 时间尺度上,径流量呈现"枯—丰"交替的周期性变化。而在大尺度 35~65 a 时间尺度上,随时间变化径流量表现明显的突变性,存在"枯—丰"交替的 2 次振荡,具体时间为 1960~1975 年为枯水期,1975~1990 年为丰水期,1990~2007 年为枯水期,2007~2019 年为丰水期,整个大尺度的周期变化占据了整个时间序列且状态比较稳定,具有全域性。

6.2.5.2　小波方差检验

从小波方差图可以看出,降水和径流时间序列在形成过程中所形成的主

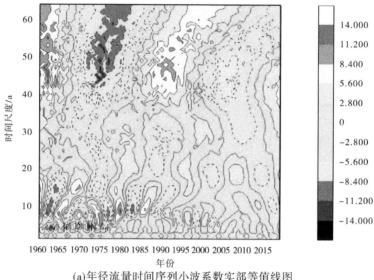

(a)年径流量时间序列小波系数实部等值线图

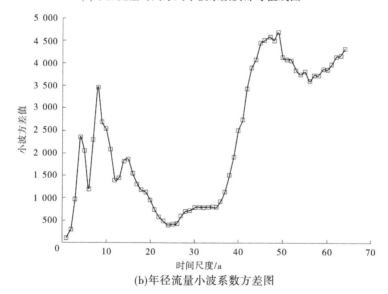

(b)年径流量小波系数方差图

图 6-12　年径流量小波系数实部等值线图和小波系数方差图

周期。图 6-12(b)为年径流量小波方差图,图中存在 4 个峰值,分别对应 4 a、8 a、14 a、49 a 时间尺度。其中,49 a 的周期振荡最强,为变化的第一主周期;8 a 时间尺度对应的周期振幅小于 4 a 的振幅,为第二主周期;4 a 时间尺度对应的周期振幅大于 14 a 的振幅,为第三主周期;14 a 时间尺度的周期振幅较小,为第四主周期。

6.2.5.3　不同周期变化特征分析

　　小波系数实部等值线图可分析不同时间尺度下年径流量的平均周期及径流量丰—枯的变化规律。图 6-13 为年径流量在不同主周期尺度下的小波系数实部图,可知在 49 a 时间尺度下,径流序列经历约 2 个波动周期,其平均变化周期约为 30 a,径流量"枯—丰"的转变点在 1960 年和 1992 年。1962 年处于 49 a 尺度下的偏丰年极大值处。从周期变化可以预测径流量在 49 a 时间尺度(2021 年左右)将由枯—丰;径流量在 14 a、8 a 和 4 a 时间尺度下,对应经历 7 个、12 个和 23 个周期波动,其平均变化周期分别为 9 a、4 a 和 2 a。从变化周期预测在 14 a 时间尺度下,2020 年左右的径流量由枯变为丰;在 8 a 时间尺度下,2019 年左右的径流量由枯变为丰;而在 4 a 时间尺度下,2018 年左右的径流量由枯变化为丰。

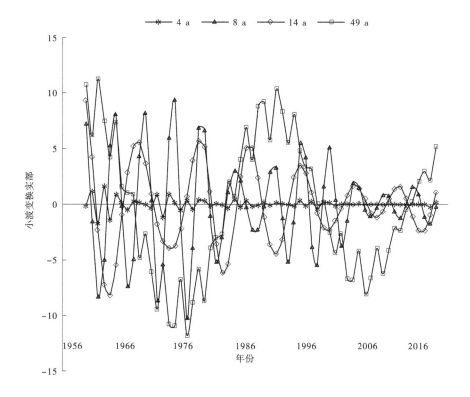

图 6-13　年径流量小波周期

6.3　泥　沙

6.3.1　输沙量年内变化特征分析

　　研究区年内输沙量有较大差异,主要集中在 5~9 月(见图 6-14),其中 7 月输沙量最多,8 月次之,占全年输沙量的 73.08%;5~9 月的输沙量分别为 26.7 万 t、109.7 万 t、299.7 万 t、296.5 万 t 和 54.5 万 t,分别占年均输沙量为 3.27%、13.45%、36.74%、36.34% 和 6.69%,占全年输沙量的 96.49%;而 1 月、2 月和 12 月的输沙量很少,分别为 0.02 万 t、0.13 万 t 和 0.04 万 t,占年 均输沙量为 0、0.01% 和 0.01%,仅占全年输沙量的 0.02%。月均输沙量变异 系数为 164.95%,极差为 299.7 万 t,说明输沙量在年内变化很大,变化幅度明 显。

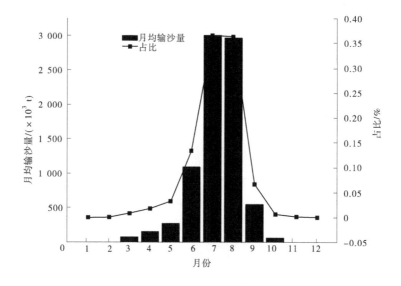

图 6-14　1957~2020 年输沙量年内分布

6.3.2　输沙量年际变化趋势分析

　　根据观测数据,研究期年均输沙量为 815.7 万 t,年均汛期输沙量为 787.1 万 t[见图 6-15(a)]。其中,1959 年的输沙量最大(3 876.5 万 t),2016 年输沙量最小(37.6 万 t),最大年输沙量是最小年输沙量的 103 倍;汛期最大

年输沙量和汛期最小年输沙量分别为 3 864.7 万 t(1959 年)和 34.6 万 t
(2016 年)。汛期输沙量占全年输沙量的 96% 以上,说明全年输沙量集中在汛
期。两者具有显著相关性,相关系数 R 为 0.998。1957~2020 年输沙量变化
趋势分析表明,年输沙量总体出现波动下降的趋势[见图 6-15(b)]。

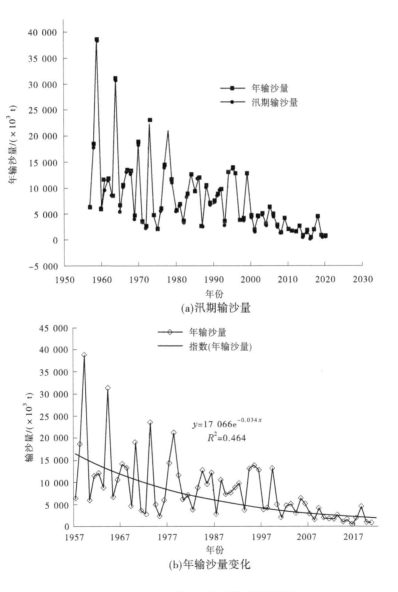

(a)汛期输沙量

(b)年输沙量变化

图 6-15　汛期输沙量和年输沙量变化曲线图

6.3.3　输沙量阶段性及突变特征分析

采用累积距平方法对研究区 1957~2020 年输沙量的丰—枯阶段性特征进行分析。输沙量累积距平变化曲线见图 6-16(a),由图可看出:在 1957~1996 年输沙量累积距平线持续升高,表明该时段为多沙时期;在 1997~2020 年输沙量累积距平线持续降低,表明该时段是少沙时期,年际间输沙量存在较为明显的波动。

对年输沙量变化趋势和突变进行分析。对径流量 M-K 非参数检验分析表明,1957~2019 年研究区年输沙量总体呈现先增加后减少的趋势,且年际变化差异较大[见图 6-16(b)]。M-K 趋势检验表明,在 1957~1973 年输沙量总体呈增加趋势,未达到显著水平(p>0.05),平均输沙量 1 363.3 万 t;在 1974~2002 年的统计量 UF 为负值,说明径流量呈减少趋势,其中 1996~2002 年输沙量变化达到显著水平(p<0.05),平均输沙量 653.0 万 t;在 2003~2019 年输沙量呈显著减少趋势(p<0.05),平均输沙量 262.5 万 t;同时 UF 与 UB 两条曲线在 2007 年出现了交点,说明突变点出现在 2007 年。

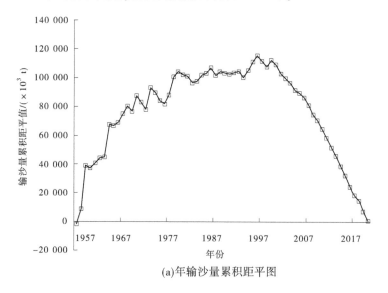

(a)年输沙量累积距平图

图 6-16　年输沙量累积距平图和 M-K 统计量曲线图

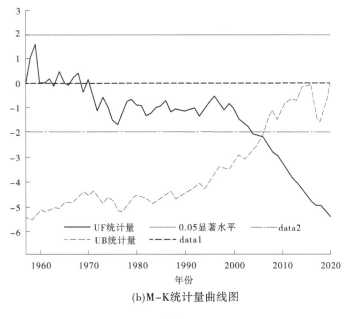

(b)M-K统计量曲线图

续图 6-16

6.3.4　输沙量周期变化分析

6.3.4.1　时间尺度周期性分析

　　小波系数实部反映时间序列的周期变化及振幅大小情况,进而可以推断时间序列在不同时间尺度上的未来变化趋势。图 6-17(a)是研究区年输沙量时间序列小波系数实部等值线图,可知年输沙量存在 3 种尺度的周期变化:3~18 a、19~35 a 和 36~65 a。这 3 种尺度下输沙量在整个时间序列多、少沙时期交替变化明显。在小尺度 3~18 a 的周期,主要在 1960~2003 年表现得较为活跃,存在"多—少"交替的周期性变化。19~35 a 尺度上的周期变化主要在 1957~2000 年变化明显,存在"少—多"交替变化的 5 次振荡;在 1972~2000 年,36~65 a 时间尺度上,输沙量呈现"少—多—少"的状态,但在 36~65 a 的尺度上来说,是处于少沙时期;而大尺度 36~65 a 来看,随着时间序列的变化,输沙量表现出了"少—多"交替变化的 2 次振荡,存在明显的突变特性,具体时间为 1960~1975 年是少沙时期,1975~1980 年是多沙时期,1980~1990 年是少沙时期,1990~2000 年是多沙时期,2000~2020 年是少沙时期。整个大尺度的周期变化占据了整个时间序列且状态比较稳定,具有全域性。

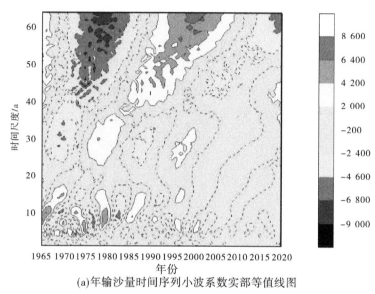

(a)年输沙量时间序列小波系数实部等值线图

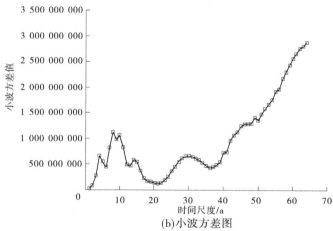

(b)小波方差图

图 6-17　年输沙量时间序列小波系数实部等值线图和小波方差图

6.3.4.2　小波方差检验

　　小波方差图是表现随着时间尺度变化的小波方差的变化过程,可以看出输沙时间序列在形成过程中所形成的主周期。图 6-17(b)为年输沙量小波方差图,图中存在 5 个峰值,分别对应 4 a、8 a、14 a、29 a 和 64 a 时间尺度。其中,64 a 左右的周期振荡最强,为输沙序列变化的第一主周期;8 a 时间尺度对应的周期振幅大于 4 a 的振幅,为第二主周期;4 a 时间尺度对应的周期振幅大于 29 a 的振幅,为第三主周期,29 a 和 14 a 时间尺度的周期振幅较小,为第三、第四主周期。

6.3.4.3　不同周期变化特征分析

　　根据小波方差检验的结果,绘制了振荡较强的主周期不同尺度下的小波系数实部图,分析在不同时间尺度下,年输沙量的平均周期及输沙量多—少的变化规律。图 6-18 为年输沙量在不同主周期尺度下的小波系数实部图,可知,在 64 a 时间尺度下,输沙序列经历约 1 个波动周期,其平均变化周期约为 38 a;输沙量"少—多"的转变点在 1979 年。从周期变化可以预测输沙量在 64 a 时间尺度(2018 年左右)将由少—多;在 28 a 的时间尺度下,输沙量经历 3 个周期波动;在 14 a 的时间尺度下,输沙量经历 6 个周期波动;输沙量在 8 a 和 4 a 时间尺度下,分别经历 12 个和 23 个周期波动,其平均变化周期分别约为 5 a 和 2 a。从变化周期来看,5 a 和 2 a 时间尺度下,预测输沙量在 5 a 时间尺度下,2020 年左右由少—多;而 2 a 时间尺度下,2020 年左右输沙量由少—多。

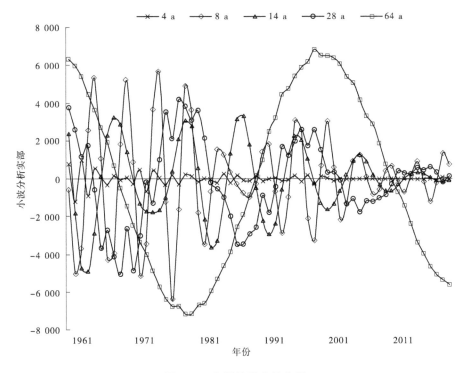

图 6-18　年输沙量小波分析

对年降水量、径流量和输沙量比较可知,尽管径流量、输沙量和降水量的周期变化并不完全一致,但很相似,存在包含和部分包含的关系,径流量和输沙量的变化周期尺度一致,具有同步性。同时,从图中还可以发现,无论是降水量还是径流量、输沙量,都有一个大尺度下的丰水期(多沙期)或者枯水期(少沙期),存在小尺度下的丰—枯(多沙—少沙)嵌套的现象,小尺度下的降水量和输沙量、径流量转变点要多于大尺度,且不同尺度下的转变点时间及个数都不相同。

6.4 降水量对水沙变化的影响

影响流域内径流量和输沙量的三大主要要素是气候、地质地貌及人为活动。流域内径流量和输沙量可以表示为这三个主要要素的函数:

$$R = f(C;G;H)$$

式中:R 为水沙量;C 表示气候因素;G 表示地质地貌因素;H 表示人为活动因素。

在某一流域内,在几十年的时间尺度下,流域中的地质地貌条件(G)可看作没有变化。人为活动(H)主要调蓄水工程、下垫面条件(如植被覆盖、土地利用、农牧耕作)等影响流域内水沙量变化。在祖厉河上游地区,属于黄土丘陵沟壑区,沟谷发育,地形破碎,沟壑纵横,水资源稀少,灌溉引水少,流域内近十几年的退耕还林还草、坡耕地治理、梯田建设等影响了径流量和输沙量。因此,影响河流水沙变化的因素主要为降水和以水土流失治理为主的人为活动。

6.4.1 降水量对径流量、输沙量的影响

在研究期内降水量、径流量、输沙量之间的关联性上,总体来看降水量对径流量与输沙量影响并不显著;分阶段来看,在前期径流量和输沙量对降水量变化的响应比较强烈,而在后期径流量和输沙量对降水量变化的响应弱化。

如图 6-19~图 6-21 所示的年降水量、年径流量和年输沙量变化,分析表明:年降水量在 1957~2019 年并未表现出显著的增加或减少趋势,而年径流量和年输沙量表现出较为一致的显著性减少趋势,年际变化差异较大,且年径流量在 2000 年出现突变,输沙量在 2003 年出现突变,表现出一定的滞后性。

6.4.2 降水量与径流量、输沙量的相关关系

按照水沙变化的时间周期将降水量与径流量、输沙量的时间序列划分为

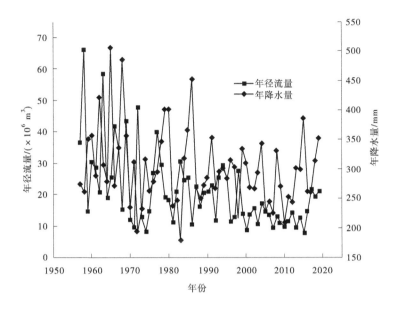

图 6-19　年径流量和年降水量变化

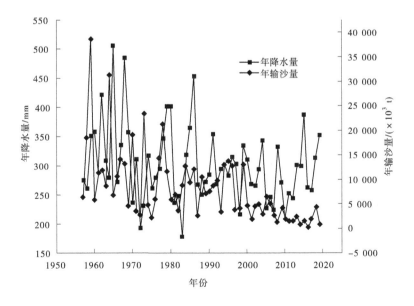

图 6-20　年降水量和年输沙量变化

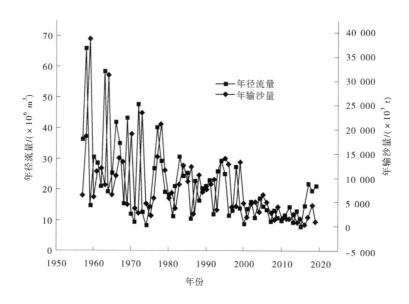

图 6-21　年径流量和年输沙量变化

4 个时间段:第 Ⅰ 时段 1957~1974 年,第 Ⅱ 时段 1975~1992 年,第 Ⅲ 时段 1993~2010 年和第 Ⅳ 时段 2011~2019 年。不同时段降水量、径流量和输沙量平均值见表 6-5。

表 6-5　不同时段降水量、径流量和输沙量平均值

特征性	时段			
	Ⅰ	Ⅱ	Ⅲ	Ⅳ
	1957~1974 年	1975~1992 年	1993~2010 年	2011~2019 年
降水量/mm	321.90	305.10	280.80	297.10
径流量/万 m³	2 923.43	2 156.90	1 576.21	1 490.73
输沙量/万 t	1 348.64	899.95	590.60	181.48

注:第 Ⅰ、Ⅱ 和Ⅲ时段为 38 a 的完整周期,第Ⅳ时段为 8 a 的不完整周期。

对降水量、径流量、输沙量的关系分阶段进行分析,第 Ⅰ 时段回归分析变化见图 6-22,分析表明 1957~1974 年径流量、输沙量对降水量变化响应不强烈,趋势协同性差,相关系数较低,降水量和径流量未达到显著水平($p >$

0.05),降水量对径流量的决定系数 R^2 为 0.062,降水量和输沙量未达到显著水平($p>0.05$),降水量对输沙量的决定系数 R^2 为 0.013(见表 6-6)。

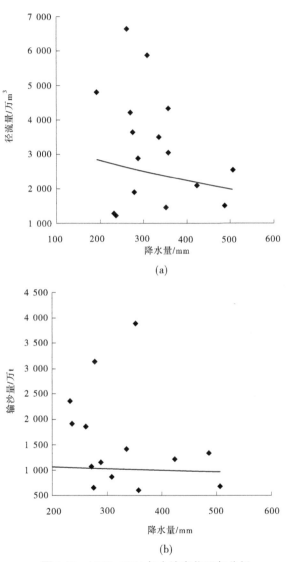

(a)

(b)

图 6-22　1957~1974 年水沙变化回归分析

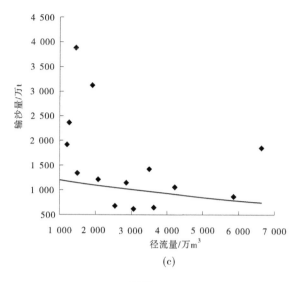

(c)

续图 6-22

表 6-6　不同时段年降水量与径流量、输沙量相关关系

相关关系	时段(年份)	模型	R	R^2	F	Sig.
降水量(x_1)- 径流量(y_1)	Ⅰ(1957~1974)	$y_1 = -5.136x_1 + 4576.998$	0.249	0.062	1.062	0.318
	Ⅱ(1975~1992)	$y_1 = -1.575x_1 + 2637.409$	0.145	0.021	0.345	0.565
	Ⅲ(1993~2010)	$y_1 = 0.113x_1 + 1544.436$	0.007	0	0.001	0.977
	Ⅳ(2011~2019)	$y_1 = -1.606x_1 + 1967.880$	0.159	0.025	0.182	0.682
降水量(x_1)- 输沙量(y_2)	Ⅰ(1957~1974)	$y_2 = -1.333x_1 + 1743.473$	0.113	0.013	0.205	0.657
	Ⅱ(1975~1992)	$y_2 = 2.439x_1 + 155.972$	0.373	0.139	2.585	0.127
	Ⅲ(1993~2010)	$y_2 = 3.155x_1 - 296.075$	0.312	0.098	1.729	0.207
	Ⅳ(2011~2019)	$y_2 = 0.19x_1 + 125.063$	0.076	0.006	0.041	0.845
径流量(y_1)- 输沙量(y_2)	Ⅰ(1957~1974)	$y_2 = -1.52y_1 + 1759.447$	0.265	0.07	1.205	0.289
	Ⅱ(1975~1992)	$y_2 = 0.214y_1 + 437.497$	0.355	0.126	2.132	0.148
	Ⅲ(1993~2010)	$y_2 = 0.228y_1 + 231.753$	0.353	0.124	2.274	0.151
	Ⅳ(2011~2019)	$y_2 = 0.038y_1 + 124.544$	0.155	0.024	0.172	0.691

注:x_1 为降水量;y_1 为径流量;y_2 为输沙量。R 为相关系数;R^2 为决定系数;F 为方差检验值,Sig. 为显著性检验值。

第Ⅱ时段回归分析变化见图 6-23,分析表明 1975~1992 年径流量、输沙量对降水量变化响应变强,趋势协同性强化,相关系数升高,降水量和径流量未达到显著水平($p>0.05$),降水量对径流量的决定系数 R^2 为 0.021,降水量和输沙量未达到显著水平($p>0.05$),降水量对输沙量的决定系数 R^2 为 0.139。

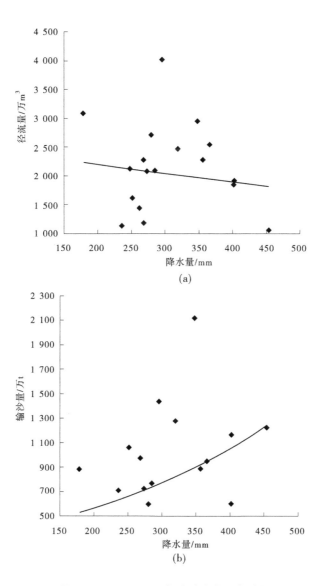

图 6-23　1975~1992 年水沙变化回归分析

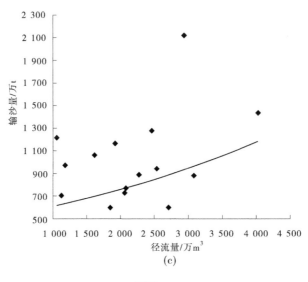

(c)

续图 6-23

　　第Ⅲ时段回归分析变化见图 6-24,分析表明 1993~2010 年径流量、输沙量对降水变化的响应较强,趋势协同强化,降水量与径流量、输沙量均未达到显著水平($p>0.05$),降水量对径流量、输沙量的决定系数 R^2 分别为 0 和0.098。

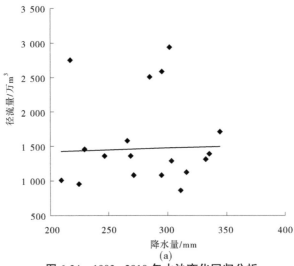

(a)

图 6-24　1993~2010 年水沙变化回归分析

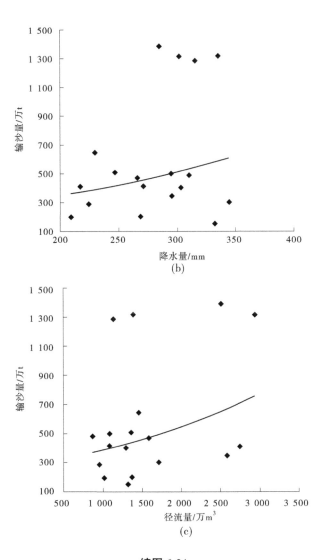

续图 6-24

　　第Ⅳ时段回归分析变化见图 6-25,分析表明 2011～2019 年径流量、输沙量对降水变化的响应很弱,趋势协同异化,降水量与径流量、输沙量均未达到显著水平($p>0.05$),降水量对径流量、输沙量的决定系数 R^2 分别为 0.025 和 0.006。

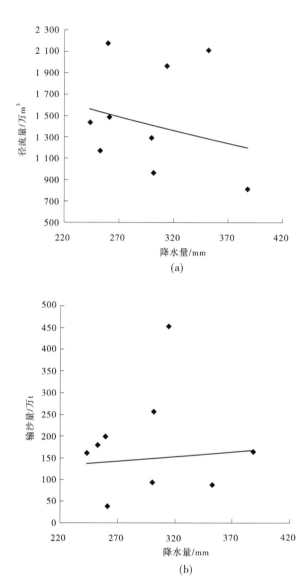

图 6-25　2011~2019 年水沙变化回归分析

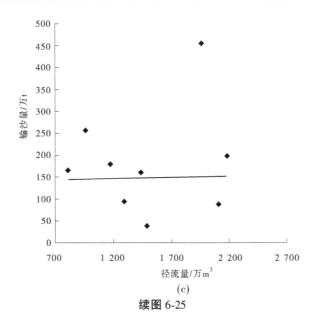

(c)

续图 6-25

6.5　水土保持措施对水沙变化的影响

6.5.1　水土保持措施对径流量、输沙量的影响

除了影响水沙变化的降水量因素,水土保持措施对流域内径流量和输沙量变化影响较大。根据祖厉河流域水利水土保持措施对水沙变化的影响及发展趋势研究(2001~2019 年)、甘肃省水土保持综合治理措施效益研究(2001~2019 年)及甘肃省水土保持年报资料(2001~2019 年)靖远县历年水土保持措施保存面积资料,采用按比例分摊法,按照研究区面积占靖远县的比例,计算得到历年研究区水土保持措施面积。2001~2019 年随着水土流失治理工作的加强,水土保持措施量呈现逐渐增加趋势,变化速度先增加后减小。由图 6-26(b)可以看出,随着水土保持措施量的逐渐增加,径流量呈现波动减少趋势,而输沙量呈波动增加趋势。研究区按照水土流失治理速率,大体上可分为 2001~2012 年、2013~2015 年和 2016~2019 年 3 个阶段[见图 6-26(a)]。2001~2012 年为分散零星治理阶段,治理速度小、措施比较单一,主要措施以造林和梯田为主体,水土保持措施面积由 2001 年的 7.839 万 hm^2 增加至 2012 年的 15.685 万 hm^2,其中梯田面积增加到 3.231 万 hm^2,造林面积增

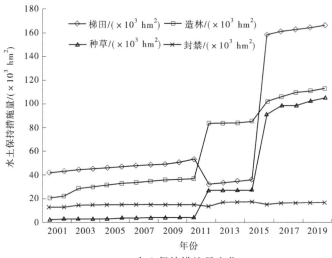

(a)水土保持措施量变化

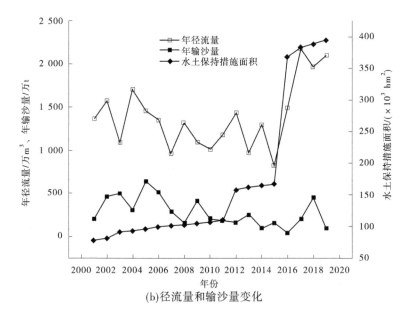

(b)径流量和输沙量变化

图 6-26　水土保持措施量与径流量和输沙量变化图

加到 8.360 万 hm^2,种草面积增加到 2.747 万 hm^2,封禁面积增加到 1.347 万 hm^2;2013~2015 年以小流域为单元综合治理阶段,这个时期实施的国家级、省级梯田建设工程、小流域治理项目较多,治理速度加快,措施质量提高,至 2015 年底水土保持措施面积达到 16.631 万 hm^2,其中梯田面积由 3.231 万 hm^2 增加到 3.592 万 hm^2,造林面积由 8.360 万 hm^2 增加到 8.524 万 hm^2,种草面积由 2.747 万 hm^2 未发生变化,封禁面积由 1.347 万 hm^2 增加到 1.768 万 hm^2;2016~2019 年,为稳定提高时期,此阶段除实施梯田、小流域综合治理项目外,开展了大规模退耕还林(草)工程,至 2019 年底水土保持措施面积达到 39.443 万 hm^2,其中梯田面积由 3.592 万 hm^2 增加到 16.43 万 hm^2,造林面积由 8.360 万 hm^2 增加到 11.090 万 hm^2,种草面积由 2.747 万 hm^2 增加到 10.241 万 hm^2,封禁面积由 1.347 万 hm^2 增加到 1.682 万 hm^2,水土流失治理程度达 50.32%。

6.5.2　水土保持措施与径流量、输沙量的相关关系

对 3 个阶段的水土保持措施与径流量、输沙量进行回归分析,由回归分析可知(见图 6-27 和表 6-7),在 2001~2012 年,随着水土保持措施的增加,径流量呈减小趋势,输沙量呈减小趋势,但径流量、输沙量对水土保持措施量变化响应不强烈,都未达到显著水平($p>0.05$),水土保持措施量对径流量的决定系数 R^2 为 0.008,对输沙量的决定系数 R^2 为 0.163。

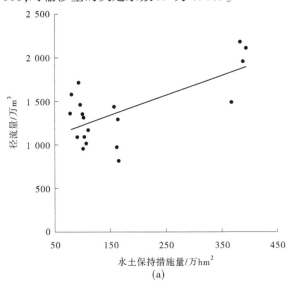

(a)

图 6-27　2001~2019 年水土保持措施量与径流量和输沙量回归分析

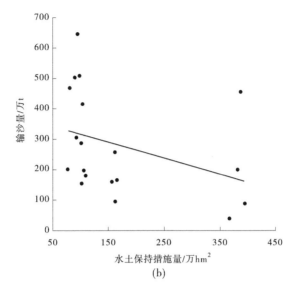

(b)

续图 6-27

表 6-7　不同时段水土保持措施量与径流量和输沙量相关关系

相关关系	年份	模型	R	R^2	F	Sig.
水土保持措施量(x_2)-径流量(y_1)	2001~2012	$y_1 = -10.791x_2 + 1\,403.782$	0.091	0.008	0.083	0.780
	2013~2015	$y_1 = -410.699x_2 + 8\,604.360$	0.398	0.151	0.178	0.746
	2016~2019	$y_1 = 221.601x_2 - 6\,549.807$	0.835	0.698	4.612	0.165
水土保持措施量(x_2)-输沙量(y_2)	2001~2012	$y_2 = -33.982x_2 + 680.672$	0.404	0.163	1.947	0.193
	2013~2015	$y_2 = -195.299x_2 + 3\,377.822$	0.492	0.242	0.319	0.673
	2016~2019	$y_2 = 60.997x_2 - 2\,140.437$	0.384	0.148	0.346	0.616

注：x_2 为水土保持措施量；y_1 为径流量；y_2 为输沙量。R 为相关系数；R_2 为决定系数；F 为方差检验值；Sig. 为显著性检验值。

在 2013~2015 年，由回归分析可知（见图 6-27 和表 6-7），随着水土保持措施的增加，径流量呈减小趋势，输沙量呈减小趋势，但径流量、输沙量对水土保持措施量变化响应不强烈，都未达到显著水平（$p > 0.05$），水土保持措施量对径流量的决定系数 R^2 为 0.151，对输沙量的决定系数 R^2 为 0.242。

在 2016~2019 年，随着水土保持措施的增加，径流量呈减小趋势，输沙量呈减小趋势，但径流量、输沙量对水土保持措施量变化响应不强烈，都未达到显著水平($p>0.05$),水土保持措施量对径流量的决定系数 R^2 为 0.698,对输沙量的决定系数 R^2 为 0.148(见表 6-7)。

6.6　减水减沙效益计算——水文法

6.6.1　双累积曲线法

　　水土保持措施减水减沙效益是指在水土保持措施的作用下流域出口断面处实测到的径流泥沙的减少量,也称水土保持蓄水保土效益或水土保持调水保土效益。水土保持措施减水减沙效益的研究越来越受到人们的重视,水土保持三大措施即工程措施、林草措施、生物措施相结合,是有效控制水土流失的基本方法和手段。本节主要通过水文法中的双累积曲线法和统计分析法分别计算祖厉河流域水土保持减水减沙量情况,然后加以对比分析得出本研究区更为准确合理、符合实际的水土保持蓄水保土效益。

　　目前,比较常用的水文计算方法有双累积曲线法和统计分析法,两种方法都是利用流域降雨-径流关系建立统计模型,该模型含义清楚而且计算简便,易于利用,不用考虑降雨-径流复杂的物理过程,仅利用统计方法就可以分析降雨-径流关系。本研究主要根据祖厉河流域的降雨量资料进行水文统计模型的建模。

6.6.1.1　减水效益

　　首先进行治理前后的时段划分,一般分为自然状态和人类活动影响状态。根据祖厉河流域靖远水文站的径流资料,以 1965 年为界限,1956~1964 年为自然状态,1965~2019 年为人类活动影响状态。通过对年径流量前后两个时段的数据进行对比分析,结果显示自然状态下(1956~1964 年)年均径流量达到 $1.668×10^8$ m³,在人类活动的影响下(1965~2019 年)年均径流量减少到 $0.969×10^8$ m³,平均每年减少 $0.699×10^8$ m³,累积 54 a 共减少径流量 $37.746×10^8$ m³。

　　根据祖厉河靖远水文站点的年降水量和年径流量资料绘制降雨-径流双累积曲线(见图 6-28),通过观察分析降雨径流累积值的变化趋势,根据双累积曲线图可以看出,降雨径流累积值的线性关系较好,在 1965 年处曲线斜率产生突变,结合流域年径流资料和水保治理进展情况,可以从 1965 年处分成两个时段。

　　1957~1964 年可以看作是自然条件下的基准期,其降雨产流数学模型为

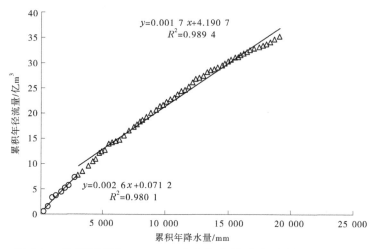

图 6-28　祖厉河流域 1956~2019 年年降水量−年径流量双累积曲线

$$\sum W = 0.002\ 6 \sum P + 0.071\ 2, R^2 = 0.980\ 1 \qquad (6\text{-}1)$$

1965~2019 年可以看作是人类活动影响下的措施期,其降雨产流数学模型为

$$\sum W = 0.001\ 7 \sum P + 4.190\ 7, R^2 = 0.989\ 4 \qquad (6\text{-}2)$$

式中:$\sum W$ 为累积径流量,亿 m^3;$\sum P$ 为累积降水量,mm。

根据祖厉河流域的历年降水量的累积值 $\sum P$,代入基准期模拟的降雨产流模型,计算得到历年模拟径流量的累积值 $\sum W$,然后与实测径流量的累积值进行比较(见图 6-29),可以看出基准期年径流量的累积模拟值对实测值的模拟情况较好,而措施期的累积模拟值总体上大于实测值,累积模拟值与实测值的差值就是水土保持措施减水量的累积值。计算得出,受水土保持治理措施的影响,1965~2019 年(措施期)年径流量为 0.26 亿 m^3。

6.6.1.2　减沙效益

根据祖厉河流域靖远水文站 1957~2019 年输沙量资料系列,同样以 1965 年为界限,对年输沙量前后两个时段的数据进行对比分析,结果显示自然状态下(1956~1964 年)年均输沙量达到 0.41 亿 t,在人类活动影响下(1992~2019 年)年均输沙量减少到 0.18 亿 t,平均每年减少 0.49 亿 t,输沙量变化量为 0.23 亿 t。

根据祖厉河靖远水文站点的年降水量和年输沙量资料绘制降雨−输沙双累积曲线(见图 6-30),通过观察分析降水输沙累积值的变化趋势,根据双累

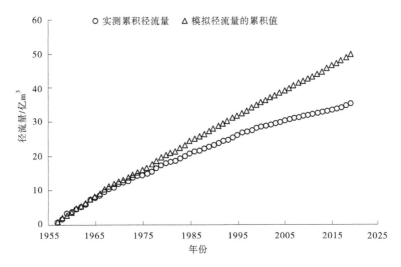

图 6-29　祖厉河流域累积年径流量模拟值与实测值比较

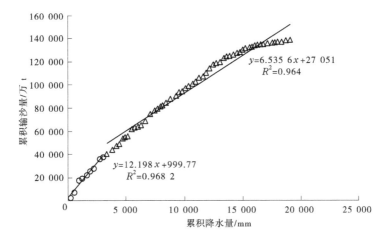

图 6-30　祖厉河流域 1957~2019 年年降水量–年输沙量双累积曲线

积曲线图,降雨输沙–累积值的线性关系较好,曲线斜率在 1965 年、1977 年、1993 年、2010 年均有变化,但在 1965 年后曲线的偏转程度较低,结合流域年输沙资料和水保治理进展情况,从 1965 年处分成两个时段。

1956~1964 年阶段可以看作自然条件下的基准期,其降雨–产沙数学模型为

$$\sum W_{\mathrm{s}} = 12.198 \sum P + 999.77 , R^2 = 0.968\ 2 \qquad (6\text{-}3)$$

1965～2019 年阶段可以看作人类活动影响下的措施期,其降雨-产沙数学模型为

$$\sum W_s = 6.535\ 6 \sum P + 27\ 051, R^2 = 0.964\ 0 \qquad (6\text{-}4)$$

式中:$\sum W_s$ 为累积输沙量,万 t;$\sum P$ 为累积降雨量,mm。

　　祖厉河流域历年降水量的累积值 $\sum P$ 代入基准期模拟的降雨-产沙模型,即 $\sum W_s = 12.198 \sum P + 999.77$,$R^2 = 0.968\ 2$ 中,计算得到历年模拟输沙量的累积值,然后与实测输沙量的累积值进行比较(见图 6-31),可以看出基准期年输沙量的累积模拟值对实测值的模拟情况较好,而在措施期模拟值总体上大于实测值,累积模拟值与实测值的差值就是水土保持措施减沙量的累积值。计算得出,在水土保持措施的影响下,1965～2019 年(措施期)共减少泥沙量0.17 亿 t。

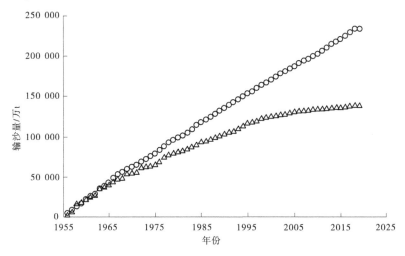

图 6-31　祖厉河流域累积年输沙量模拟值与实测值比较

6.6.2　统计分析法

6.6.2.1　减水效益

　　用 SPPS 软件进行祖厉河流域基准期(1957～1964 年)的年降水量与径流量曲线估计,得到曲线估计方程。采用基准期的降水量与径流量进行曲线估计,得到以下曲线估计模型(见表 6-8),其中 S 型模型估计模型相关性最好,祖厉河流域历年降水量带入 S 型模型方程,计算得到历年的模拟径流量,然后与实测值进行比较(见图 6-32),可以看出模型模拟效果很好,基准期年径流

量的模拟值与实测值相差不大,措施期的模拟值总体上大于实测值,模拟值与实测值的差值就是水土保持措施的减水量。结果显示,1965～2019 年(措施期)共减少径流量 0.51 亿 m³,径流量变化量为 0.39 亿 m³。

表 6-8　祖厉河流域基准期(1957～1964 年)汛期降雨-径流曲线模型估计

模型名称	方程	R	R^2	F	Sig.
Linear 线性模型	$y = 0.04x - 0.555$	0.678	0.460	5.118	0.064
Logarithmic 对数模型	$y = 1.59\ln x - 8.365$	0.699	0.489	5.748	0.053
Quadratic 二次模型	$y = -1.889\times10^{-5}x^2 + 0.019x - 3.16$	0.714	0.509	2.596	0.169
Compound 复合模型	$y = 0.146\times1.005^x$	0.724	0.524	6.593	0.042
Power 幂函数模型	$y = 1.61\times10^{-5}x^{1.852}$	0.752	0.566	7.817	0.031
S 型模型	$y = \exp\left(1.794 - \dfrac{676.85}{x}\right)$	0.775	0.601	9.034	0.024
Growth 增长模型	$y = \exp(0.005x - 1.923)$	0.724	0.524	6.593	0.042

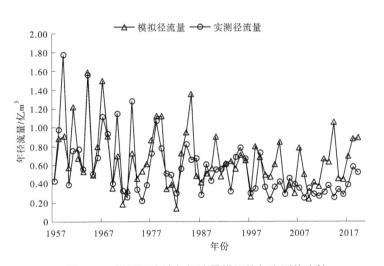

图 6-32　祖厉河流域年径流量模拟值与实测值比较

6.6.2.2 减沙效益

计算减沙效益时同样用 SPPS 软件,进行祖厉河流域基准期(1956～1964年)的年降水量与输沙量曲线估计,得到的曲线估计方程相关性较低。采用基准期的汛期降水量与输沙量进行曲线估计,得到以下曲线估计模型(见表 6-9),其中 S 型模型相关性最好,祖厉河流域历年降水量分别代入 S 型模型方程,计算得到历年的模拟输沙量,然后与实测值进行比较(见图 6-33),可以看出基准期年输沙量的模拟值与实测值相差不大,而在措施期模拟值总体上大于实测值,模拟值与实测值的差值就是水土保持措施在措施期的减沙量。结果显示,1965～2019 年(措施期)共减少泥沙量 0.28 亿 t,输沙变化量为0.12 亿 t。

表 6-9 祖厉河流域基准期(1956～1964 年)汛期降雨—输沙曲线估计模型汇总

模型名称	方程	R	R^2	F	Sig.
Linear 线性模型	$y = 24.203x - 3\ 962.088$	0.618	0.382	3.711	0.102
Logarithmic 对数模型	$y = 9\ 222.313\ln x - 49\ 293.744$	0.639	0.409	4.149	0.088
Quadratic 二次模型	$y = -0.119x^2 + 114.593x - 20\ 326.087$	0.656	0.430	1.888	0.245
Compound 复合模型	$y = 0.146 \times 1.005^x$	0.692	0.479	5.510	0.057
Power 幂函数模型	$y = 0.008x^{2.222}$	0.721	0.519	6.478	0.044
S 型模型	$y = \exp\left(10.63 - \dfrac{813.743}{x}\right)$	0.744	0.554	7.449	0.034
Growth 增长模型	$y = \exp(0.006x - 6.168)$	0.692	0.479	5.510	0.057

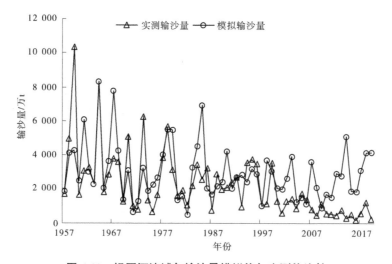

图 6-33 祖厉河流域年输沙量模拟值与实测值比较

6.6.3　水文法对比分析

根据 1957~2019 年径流量输沙量资料系列,由于 1957~2019 年是祖厉河流域水土保持治理工作起步阶段,以 1965 年为分界,对前后系列进行对比分析,年均实测径流量为 0.39 亿 m³,年均实测输沙量为 0.4 亿 t,措施期实测径流量为 0.51 亿 m³,措施期实测径流量为 0.18 亿 t,径流变化量为 0.39 亿 m³,输沙量变化为 0.23 亿 t。

本节利用不同的水文方法分析了水土保持措施减水减沙效益的影响结果,对比这两种方法计算的减水减沙效益,首先双累积曲线法计算径流减少 0.26 亿 m³,占径流实际减少量的 64%,气候变化对径流减少的贡献率为 36%;统计分析得到措施期径流量为 0.51 亿 m³,其气候变化和人类活动对径流的影响均为 0。双累积曲线计算得到措施期平均输沙量为 0.17 亿 t,则人类活动对输沙量减少贡献率为 4%,气候变化对输沙量减少的贡献率为 96%,统计分析得到措施期输沙量为 0.28 亿 t,则人类活动对输沙量的贡献率为 43%,气候变化对人类活动的贡献率为 57%。利用双累积曲线法估算减水减沙效益的时候,要求两个变量的相关性和稳定性较高,祖厉河流域降雨-径流的累积值正比关系虽较好,但在祖厉河下游的靖会引黄电力提灌工程从外流域引水的影响下,其计算结果存在一定误差;年输沙量虽与年径流量有较好的相关关系,但降雨-输沙关系稍差,同减水效益一样,结果还是存在一定误差。统计分析其基准期年降水量与径流量、输沙量的拟合曲线相关性较好,但由于黄河水沙变化的复杂性,而 1965 年以前的雨量站点少并且变动频繁,使得建模段资料的可靠性受到极大的限制,导致了计算结果严重不准确。

因此,综合考虑,水文法计算结果中双累积曲线法对径流量的计算结果更加准确,统计分析法对输沙量的计算结果更加准确。祖厉河流域受气候和人类活动的影响,1965~2019 年人类活动对径流量减少的贡献率为 64%,气候变化贡献率为 36%;人类活动对输沙量减少的贡献率为 43%,气候变化对输沙量减少的贡献率为 57%。

6.7　基于遥感影像的降水、径流、输沙的相关性分析

祖厉河流域处于黄河流域的上游,地跨甘肃省、白银、兰州三地(市)和宁夏固原地区,包括定西市安定区、白银市会宁县的绝大部分地区及靖远、榆中、陇西、通渭、西吉、海原县的小部分地区。祖厉河流域是一个典型的黄土高原

半干旱流域。祖厉河流域地处半干旱气候带,降水多集中在夏季,土质疏松,水土流失严重。该区域长期以来一直是我国水土保持的重点区域。作为黄河的一级支流,祖厉河流域面积虽小,但流入黄河的年均沙量占比却接近40%。在退耕还林还草工程实施以前,祖厉河流域几乎没有天然林地,植被属于温带半干旱草原和干旱草原。

治理水土流失,必须改善该流域植被覆盖状况。1999年开始实施退耕还林(草)等大规模水土保持工程,使得区域内植被得到一定的恢复,祖厉河流域的植被覆盖越来越高,水土流失情况逐渐好转。

NDVI的变化体现了区域植被覆盖情况,祖厉河流域的水土保持措施产生最直接的影响就是改变了该流域的植被覆盖状况,了解流域NDVI的变化与流域内降水、径流及输沙量的关系,可以对这些措施产生的影响有更多的认识。

本书研究中MODIS影像NDVI直接使用MOD13Q1产品,空间分辨率为250 m,周期为16 d。夏季是植物的生长季节,夏季的NDVI能够反映植被覆盖的年度最优状况,所以本书研究中提取夏季NDVI的最大值作为年值进行运算。降水、径流和泥沙数据通过反距离权重法进行空间插值后再与NDVI数据进行相关分析。

6.7.1　祖厉河流域 NDVI 变化

退耕还林还草工程对草地的保护和植树造林及农业发展带来的农田植被覆盖增加是祖厉河流域NDVI增加的主要因素。1999年实施退耕还林还草工程以来,祖厉河流域NDVI发生了巨大变化。一系列工程措施、林草措施、耕作措施的实施不断改变地表植被覆盖状况,提高了水土保持能力。

从2000~2015年祖厉河流域NDVI表现出明显的增加,植被覆盖表现出明显的增加,主要表现在流域的南部和东部及流域中的低洼地带。从图6-34中可以看出,NDVI的增加发生在流域大部分地区,只有河道附近最北部的山区出现略微减少。其中,会宁县的NDVI增加是最多的;安定区南部的NDVI增加也较为明显;安定区北部及中部和靖远县部分的NDVI没有显著的变化。

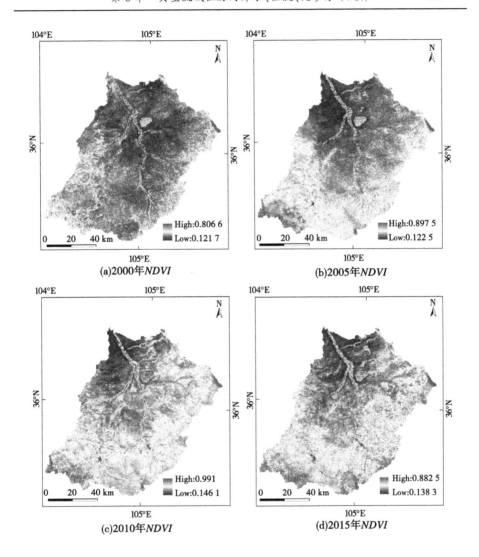

图 6-34　祖厉河流域 *NDVI* 变化

6.7.2　祖厉河流域 *NDVI* 与降水量的相关性分析

在空间上,祖厉河流域 *NDVI* 与降水量表现出显著相关性(见图 6-35)。会宁县西北部和中部靖远县、榆中县表现出较强的相关性。最强的相关性表现在祖厉河西岸的流域西北部区域,流域中地势低洼的地区表现出弱相关性或负相关性。

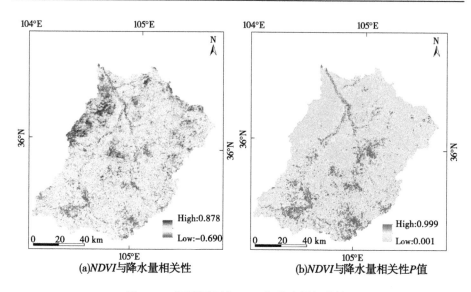

图 6-35　祖厉河流域 *NDVI* 与降水量相关性

6.7.3　祖厉河流域 *NDVI* 与径流量的相关性分析

祖厉河流域 *NDVI* 与径流量的相关性在空间上表现出巨大的差异(见图 6-36)。在大部分区域相关性并不显著,但是在流域西北部表现出显著的负相关,在流域的西南部表现出显著的正相关。

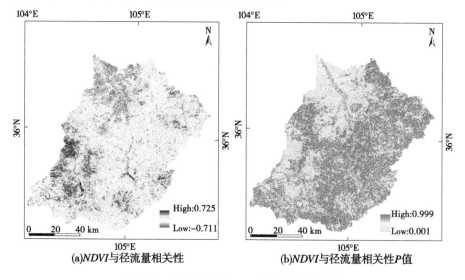

图 6-36　祖厉河流域 *NDVI* 与径流量相关性

6.7.4 祖厉河流域 NDVI 与输沙量的相关性分析

祖厉河流域 NDVI 与输沙量在流域的大部分区域表现出显著的负相关（见图6-37）。会宁县及靖远县区域的相关性最强。NDVI 的增加表明植被覆盖增加，这使得地表水土保持能力增强，有效降低了输沙量。这说明植被的增加能够显著减少水土流失。根据输沙量突变检验结果，将研究期分为两个阶段（基准期 2001～2012 年和影响期 2013～2019 年）分析累积年降水量–累积年输沙量双累积曲线。

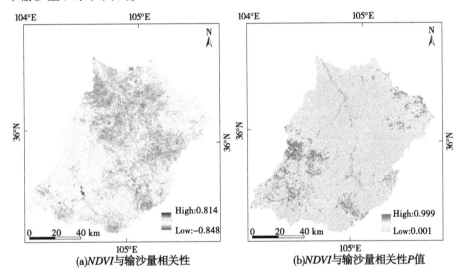

(a)NDVI与输沙量相关性   (b)NDVI与输沙量相关性P值

图6-37 祖厉河流域 NDVI 与输沙量相关性

第7章　水利水保措施对黄河干流
甘肃段水沙的影响分析

采用双累积曲线法,并结合历年水土保持措施面积的变化情况,对1956~2016年流域径流量、2011~2020年输沙量进行了趋势性分析和突变点分析,采用有序聚类法、Lee-Heghinan法、滑动T检验法等方法对突变点进行检验,最终将时间序列划分为基准期和措施期。采用相关公式法,估算年降水量条件下水土保持措施对水沙的影响作用。采用非线性回归分析法,以年径流量和年输沙量为因变量,以流域面平均汛期降水量、工程措施和林草措施控制面积作为自变量,建立非线性多元回归方程,分别估算降水变化、林草措施、工程措施引起流域径流和输沙的变化量及其贡献率。

7.1　降水对水沙变化的影响

7.1.1　降水量对径流量、输沙量的影响

在研究期内降水量、径流量、输沙量之间的关联性上,总体来看降水量对径流量与输沙量的影响并不显著;分阶段来看,在前期径流量和输沙量对降水量变化的响应比较强烈,而在后期径流量和输沙量对降水量变化的响应弱化(见图7-1和图7-2)。年降水量、年径流量和年输沙量变化分析表明,年降水量在1957~2020年并未表现出显著的增加或减少趋势,而年径流量和年输沙量表现出较为一致的显著性减少趋势,年际变化差异较大,且年径流量在1984年出现突变,输沙量在1971年出现突变,表现出一定的前瞻性(见图7-3)。

7.1.2　降水量与径流量、输沙量的相关关系

按照水沙变化的时间周期将降水量与径流量和输沙量的时间序列划分为4个时间段:第Ⅰ时段为1956~1974年,第Ⅱ时段为1975~1992年,第Ⅲ时段为1993~2010年和第Ⅳ时段为2011~2020年。不同时段降水量、径流量和输沙量平均值见表7-1。

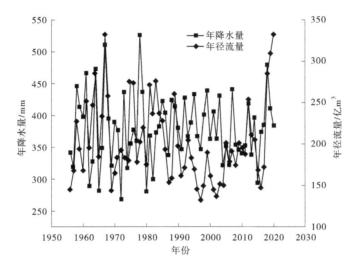

图 7-1 年降水量与年径流量变化

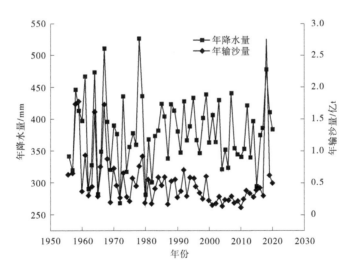

图 7-2 年降水量与年输沙量变化

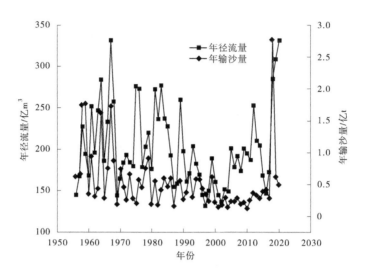

图 7-3　年径流量与年输沙量变化

表 7-1　不同时段年降水量、径流量和输沙量平均值

特征性	时段			
	I	II	III	IV
	1956~1974 年	1975~1992 年	1993~2010 年	2011~2020 年
降水量/mm	374.60	384.22	376.74	383.64
径流量/亿 m³	207.23	215.01	169.93	226.87
输沙量/亿 t	0.771	0.467	0.296	0.618

注：第 I、II 和 III 时段为 48 a 的完整周期，第 IV 时段为 4 a 的不完整周期。

　　对年降水量与径流量、输沙量的关系分阶段进行分析，第 I 时段回归分析变化见图 7-4，分析表明 1956~1974 年径流量、输沙量对降水量变化响应非常强烈，趋势协同性强，相关系数高，降水量和径流量达到显著水平（$p<0.05$），降水量与输沙量达到显著水平（$p<0.05$），降水量对径流量的决定系数 R^2 为 0.387，降水量对输沙量的决定系数 R^2 为 0.617（见表 7-2）。

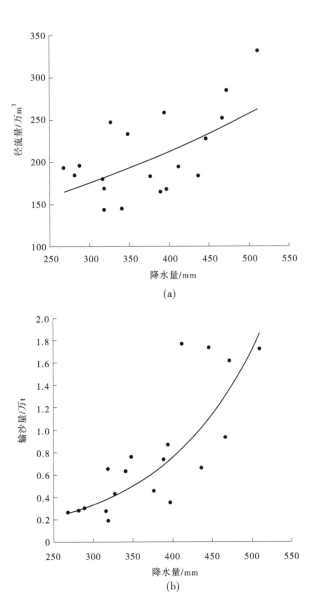

图 7-4　1956~1974 年水沙变化回归分析

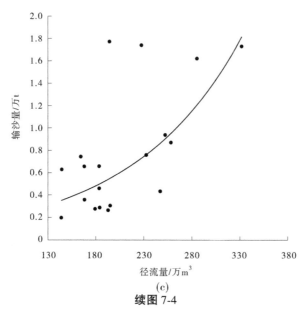

(c)

续图 7-4

表 7-2　不同时段年降水量与径流量、输沙量相关关系

相关关系	时段(年份)	模型	R	R^2	F	Sig.
降水量(x_1)–径流量(y_1)	I(1956~1974)	$y_1 = 0.44x_1 + 42.49$	0.622	0.387	10.739	0.004**
	II(1975~1992)	$y_1 = 0.005x_1 + 212.917$	0.007	0	0.001	0.987
	III(1993~2010)	$y_1 = 0.002x_1 + 168.908$	0.004	0	0	0.987
	IV(2011~2020)	$y_1 = 0.72x_1 - 49.531$	0.577	0.333	4.489	0.063
降水量(x_1)–输沙量(y_2)	I(1956~1974)	$y_2 = 0.006x_1 - 1.189$	0.786	0.617	25.778	0**
	II(1975~1992)	$y_2 = 0.003x_1 - 0.699$	0.805	0.648	31.291	0**
	III(1993~2010)	$y_2 = 0.002x_1 - 0.502$	0.541	0.292	6.608	0.021*
	IV(2011~2020)	$y_2 = 0.011x_1 - 3.456$	0.695	0.483	7.848	0.026*
径流量(y_1)–输沙量(y_2)	I(1956~1974)	$y_2 = -1.52y_1 + 1759.447$	0.627	0.394	11.033	0.004**
	II(1975~1992)	$y_2 = 0.214y_1 + 437.497$	0.083	0.007	0.117	0.742
	III(1993~2010)	$y_2 = 0.001y_1 + 0.165$	0.120	0.014	0.223	0.636
	IV(2011~2020)	$y_2 = 0.038y_1 + 124.544$	0.428	0.183	2.013	0.190

注:x_1 为降水量;y_1 为径流量;y_2 为输沙量。* 为 $p<0.05$;** 为 $p<0.01$。R 为相关系数;R^2 为决定系数;F 为方差检验值;Sig. 为显著性检验值。

　　第Ⅱ时段回归分析变化见图 7-5,分析表明 1975～1992 年径流量、输沙量对降水量变化响应变弱,趋势协同性弱化,相关系数降低,降水量对径流量未达到显著水平($p>0.05$),降水量对输沙量达到显著水平($p<0.05$),降水量对径流量的决定系数 R^2 为 0,降水量对输沙量的决定系数 R^2 为 0.648。

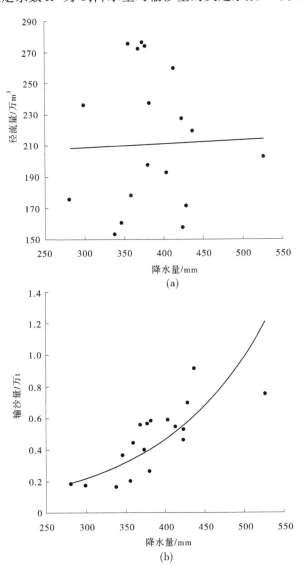

图 7-5　1975～1992 年水沙变化回归分析

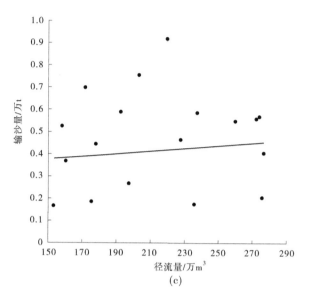

(c)

续图 7-5

第Ⅲ时段回归分析变化见图 7-6,分析表明 1993~2010 年径流量、输沙量对降水量变化的响应微弱,趋势协同异化,降水量对径流量未达到显著水平 ($p>0.05$),降水量对输沙量达到显著水平 ($p<0.05$),降水量对径流量、输沙量的决定系数 R^2 分别为 0 和 0.292。

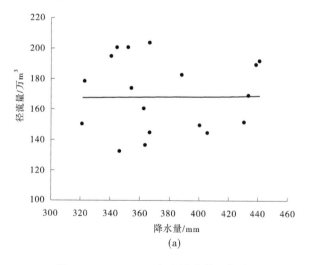

(a)

图 7-6　1993~2010 年水沙变化回归分析

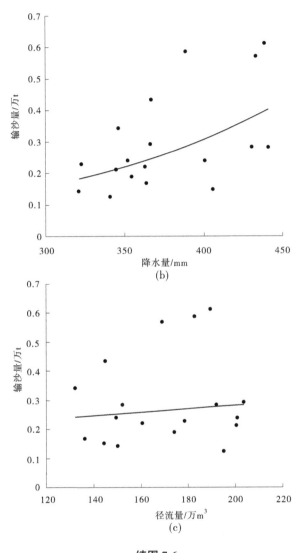

续图 7-6

　　第Ⅳ时段回归分析变化见图 7-7,分析表明 2011~2020 年径流量、输沙量对降水量变化的响应较强,趋势协同强化,降水量对径流量未达到显著水平($p>0.05$),降水量对输沙量达到显著水平($p<0.05$),降水量对径流量、输沙量的决定系数 R^2 分别为 0.333 和 0.483。

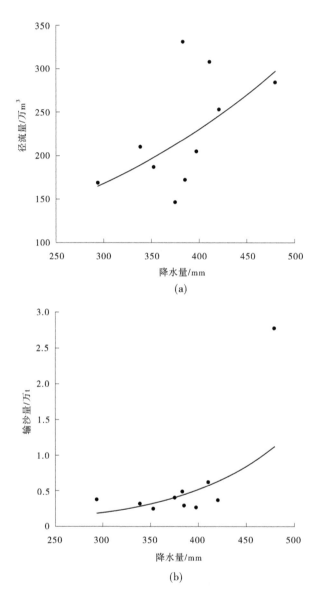

图 7-7　2011~2020 年水沙变化回归分析

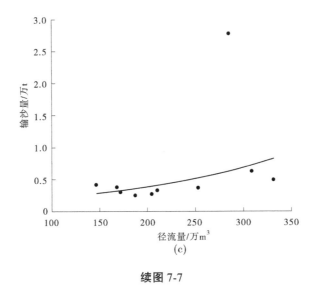

续图 7-7

7.2 减水减沙效益计算——水文法

7.2.1 双累积曲线法

本书研究主要根据黄河干流甘肃段流域的降水量资料进行水文统计模型的建模。

7.2.1.1 减水效益

首先进行治理前后的时段划分,一般分为自然状态和人类活动影响状态。根据黄河干流甘肃段流域兰州水文站的径流资料,结合研究区径流突变分析,以 1980 年为限,1956~1979 年为自然状态,1980~2020 年为人类活动影响状态。通过对年径流量前后两个时段的数据进行对比分析,结果显示在自然状态下(1956~1979 年)年均径流量达到 265.3 亿 m³,在人类活动的影响下(1980~2020 年)年均径流量减少到 247.9 亿 m³,径流变化量为 17.4 亿 m³。

根据黄河干流甘肃段流域兰州水文站点的年降水量和年径流量资料绘制降水量-径流量双累积曲线(见图 7-8),通过观察分析降水、径流累积值的变化趋势。由双累积曲线图可以看出,降水径流累积值的线性关系较好,在1980 年处曲线斜率产生突变,结合流域年径流资料和水保治理进展情况,可以从 1980 年处分成两个时段。

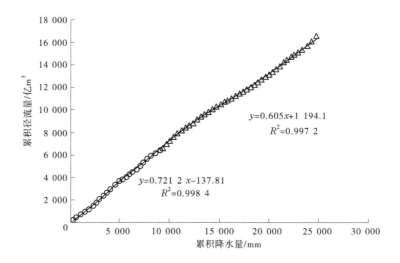

图 7-8 1956~2020 年年降水量–年径流量双累计曲线

1956~1979 年可以看作是自然条件下的基准期,其降雨产流数学模型为

$$\sum W = 0.721\ 2 \sum P - 137.81, R^2 = 0.998\ 4 \qquad (7\text{-}1)$$

1980~2020 年可以看作是人类活动影响下的措施期,其降雨产流数学模型为

$$\sum W = 0.605 \sum P + 1\ 194.1, R^2 = 0.997\ 2 \qquad (7\text{-}2)$$

式中:$\sum W$ 为累积径流量,亿 m³;$\sum P$ 为累积降雨量,mm。

祖厉河流域历年降水量的累积值 $\sum P$ 分别代入基准期模拟的降雨产流模型即式(7-1)中,计算得到历年模拟径流量的累积值 $\sum W$,然后与实测径流量的累积值进行比较(见图 7-9),可以看出基准期年径流量的累积模拟值对实测值的模拟情况较好,而措施期的累积模拟值总体上小于实测值,实测值与累积模拟值的差值就是水土保持措施减水量的累积值。计算得出,受水土保持治理措施的影响,1980~2020 年(措施期)累积共减少径流量 274.6 亿 m³。

7.2.1.2 减沙效益

根据黄河干流甘肃段流域兰州水文站 1956~2020 年输沙量资料系列,同样以 1980 年为界限,对年输沙量前后两个时段的数据进行对比分析,结果显示在自然状态下(1956~1979 年)年均输沙量达到 0.86 亿 t,在人类活动影响下(1980~2020 年)年均输沙量减少到 0.41 亿 t,输沙变化量为 0.45 亿 t。

根据黄河干流甘肃段流域兰州水文站的年降水量和年输沙量资料绘制降

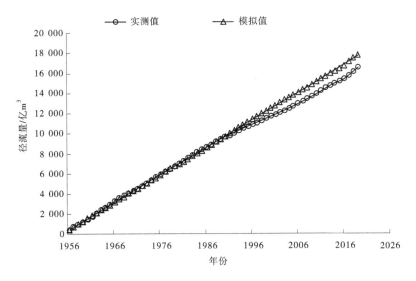

图 7-9　累积年径流量模拟值与实测值比较图

水量-输沙量双累积曲线(见图 7-10),通过观察分析降雨、输沙累积值的变化趋势。由双累积曲线图可以看出,降雨、输沙累积值的线性关系不好,曲线斜率在 1959 年、1965 年、1980 年、1998 年和 2018 年均有变化,为了统一计算,从1980 年分成两个时段。

1956~1979 年阶段可以看作自然条件下的基准期,其降雨产沙数学模型为

$$\sum W_s = 22.029 \sum P + 20\ 160, R^2 = 0.966\ 7 \tag{7-3}$$

1980~2020 年阶段可以看作人类活动影响下的措施期,其降雨产沙数学模型为

$$\sum W_s = 11.364 \sum P + 112\ 907, R^2 = 0.950\ 8 \tag{7-4}$$

式中:$\sum W_s$ 为累积输沙量,亿 t;$\sum P$ 为累积降雨量,mm。

将黄河干流甘肃段流域历年降水量的累积值 $\sum P$ 代入基准期模拟的降雨产沙模型即式(7-3)中,计算得到历年模拟输沙量的累积值,然后与实测输沙量的累积值进行比较(见图 7-11),可以看出基准期年输沙量的累积模拟值对实测值的模拟情况较好,而在措施期模拟值总体上大于实测值,累积模拟值与实测值的差值就是水土保持措施减沙量的累积值。计算得出,在 1980~2020年(措施期)共减少泥沙量 0.84 亿 t。

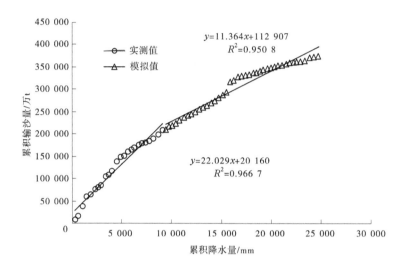

图 7-10　1956~2020 年年降水量–年输沙量双累计曲线

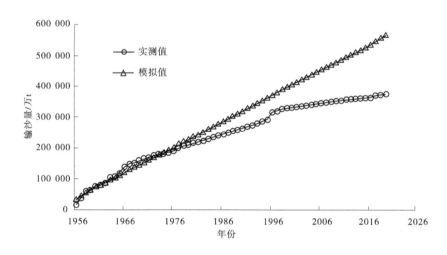

图 7-11　累积年输沙量模拟值与实测值比较

7.2.2　统计分析法

7.2.2.1　减水效益

用 SPPS 软件对黄河干流甘肃段流域基准期(1956~1979 年)的年降水量

与径流量进行曲线估计,得到以下曲线估计模型(见表 7-3),其中线性模型相关性最好。将黄河干流甘肃段流域历年降水量分别带入线性模型方程,计算得到历年的模拟径流量,然后与实测值进行比较(见图 7-12),可以看出基准期年径流量的模拟值与实测值相差不大,措施期的模拟值总体上大于实测值。结果显示,1980~2020 年(措施期)共减少径流量 246.6 亿 m^3。

表 7-3 基准期(1956~1971 年)降雨-径流曲线模型估计

模型名称	方程	R	R^2	F	Sig.
Linear 线性模型	$y = 0.376x + 121.463$	0.444	0.197	5.406	0.030
Logarithmic 对数模型	$y = 140.942\ln x - 567.743$	0.433	0.187	5.066	0.035
Quadratic 二次模型	$y = 0.001x^2 - 0.417x + 272.855$	0.453	0.205	2.712	0.09
Compound 复合模型	$y = 155.253 \times 1.001^x$	0.433	0.187	5.070	0.035
Power 幂函数模型	$y = 13.354 \times 10^{-5} x^{0.5}$	0.421	0.177	4.748	0.04
S 型模型	$y = \exp\left(6.039 - \dfrac{178.145}{x}\right)$	0.405	0.164	4.314	0.05
Growth 增长模型	$y = \exp(0.001x + 5.045)$	0.433	0.187	5.070	0.035

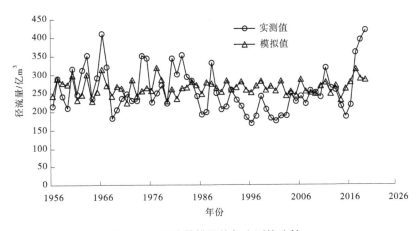

图 7-12 径流量模拟值与实测值比较

7.2.2.2 减沙效益

计算减沙效益时同样用 SPPS 软件,进行祖厉河流域基准期(1956~1979 年)的年降水量与输沙量曲线估计,得到的曲线估计方程相关性较低。同样采用基准期的汛期降水量与输沙量进行曲线估计,得到以下曲线估计模型

（见表 7-4），其中 S 型模型相关性最好。将黄河干流甘肃段流域历年降水量
分别代入线性模型方程，计算得到历年的模拟输沙量，然后与实测值进行比较
（见图 7-13），可以看出基准期年输沙量的模拟值与实测值相差不大，而在措
施期模拟值总体上大于实测值。结果显示，1980~2020 年（措施期）共减少泥
沙量 0.72 亿 t。

表 7-4　基准期（1956~1979 年）降雨-输沙曲线估计模型汇总

模型名称	方程	R	R^2	F	Sig.
Linear 线性模型	$y = 60.134x - 14\ 354.905$	0.675	0.455	18.387	0
Logarithmic 对数模型	$y = 22\ 920.654\ln x - 127\ 281.073$	0.671	0.450	18.035	0
Quadratic 二次模型	$y = -0.03x^2 + 84.099x - 18\ 926.844$	0.675	0.456	8.799	0
Compound 复合模型	$y = 458.245 \times 1.007^x$	0.710	0.504	22.330	0
Power 幂函数模型	$y = 0.001x^{2.709}$	0.711	0.506	22.510	0
S 型模型	$y = \exp\left(11.511 - \dfrac{993.619}{x}\right)$	0.704	0.495	21.581	0
Growth 增长模型	$y = \exp(0.007x + 6.127)$	0.710	0.504	22.330	0

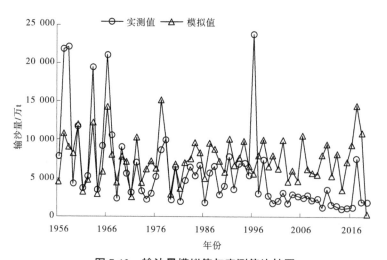

图 7-13　输沙量模拟值与实测值比较图

7.2.3　水文法对比分析

根据 1956~2020 年径流输沙量资料系列,由于 1956~2020 年是黄河干流甘肃段流域水土保持治理工作起步阶段,以 1980 年为分界,对前后系列进行对比分析。结果显示,1956~1979 年实测年均径流量达 265.3 亿 m^3,在人类活动影响下(1980~2020 年)年均实测径流量减少到 247.9 亿 m^3,径流变化量为 17.4 亿 m^3;自然状态下实测年均输沙量达到 0.86 亿 t。在人类活动影响下实测年均输沙量减少到 0.41 亿 t,输沙变化量为 0.45 亿 t。

利用不同的水文方法分析了水土保持措施减水减沙效益的影响结果,对比这两种方法计算的减水减沙效益。首先采用双累积曲线法计算措施期径流减少 247.6 亿 m^3,则人类活动对径流量减少的贡献率为 1.72%,气候变化对径流量减少的贡献率为 98.28%;采用统计分析法得到措施期径流量为 246.6 亿 m^3,其人类活动对径流量减少的贡献率为 7.47%,气候变化对径流量减少的贡献率为 92.53%。其次,采用双累积曲线法计算得到措施期年均输沙量为 0.84 亿 t,则人类活动对输沙量减少的贡献率为 95.56%,气候变化对输沙量减少的贡献率为 4.44%;统计分析得到措施期输沙量为 0.72 亿 t,则人类活动对输沙量减少的贡献率为 68.89%,气候变化对输沙量减少的贡献率为 31.11%。

利用双累积曲线法估算减水减沙效益的时候,要求两个变量的相关性和稳定性较高,黄河干流甘肃段流域降雨-径流的累积值正比关系虽较好,但在黄河干流甘肃段流域上游有水库,在水库引蓄水的影响下,其计算结果存在一定误差;年输沙量虽与年径流量有较好的相关关系,但降雨-输沙关系稍差,同减水效益一样,结果还是存在一定误差。而统计分析法计算结果较大,在计算过程中由于其基准期年降雨量与径流量、输沙量的拟合曲线相关性较低,且黄河水沙变化的复杂性,使得建模段资料的可靠性受到极大的限制,无论是降雨-径流拟合还是降雨-输沙拟合,拟合曲线的相关性对比双累积曲线法依然不够理想,导致了计算结果不准确。

人类活动对径流、输沙贡献率在 1990 年左右出现低谷,原因在于流域内于 20 世纪七八十年代修建完成的大部分中小型淤地坝因拦蓄寿命多小于 20 a,至 1990 年左右时已淤满或已失效,而退耕还林还草政策、淤地坝作为之一的水利部"亮点"工程等尚未出台实施。而低谷对径流影响较输沙大的原因在于淤地坝淤满之后虽失去了拦蓄泥沙的库容,但因拦蓄泥沙而抬高的坝地有效增大了沟道过水断面,使挟带的泥沙沿程沉降,而径流则可以越过淤满的坝顶进入河道。流域内输沙减少幅度较径流的大,水利水保措施对下垫面的改变有效减缓或阻止了产汇流的形成,而下渗的径流又促进了林草措施进一步发挥作用。

因此,综合考虑,水文法计算结果中统计分析法的计算结果更加准确,黄河干流甘肃段流域受气候和人类活动的影响,1980～2020 年人类活动对径流量减少的贡献率为 7.47%,气候变化对径流量减少的贡献率为 92.53%;人类活动对输沙量减少的贡献率为 68.89%,气候变化对输沙量减少的贡献率为31.11%。

第8章 黄河干流甘肃段降雨径流 输沙关系研究展望

国际上近几十年来关于流域降雨径流输沙关系研究实践表明,做好流域水土保持和规划工作,需要全面认识水资源开发利用对水沙条件的影响,水利工程和水保措施对黄河流域泥沙影响是一个比较复杂的问题,目前水文测验和水文计算的精度还不够高,分析水文要素的变化规律和水利工程减水减沙作用,降雨径流输沙关系及典型流域的降水、水利工程、水土保持措施对水沙的相对贡献率,为流域水土流失治理和生态环境建设提供一定的理论支持与决策依据。在当前黄河干流甘肃段兴建了很多水利工程和水土保持措施,水沙时空分布发生了重大变化,开展黄河流域甘肃段降雨径流输沙关系研究,对于推动黄河流域综合治理和高质量发展具有重要作用。

在甘肃省水利厅水保中心科研项目的支持下,开展了黄河干流甘肃段的降雨径流输沙关系研究。在甘肃农业大学水利水电工程学院和甘肃省水利厅水土保持中心的通力配合下,分析了黄河流域甘肃段降雨径流输沙关系,分析了降雨径流泥沙分布规律、下垫面演变、典型流域降雨径流输沙机制。但是同时也认识到,我国流域降雨径流输沙关系研究还需进一步大力推进和完善,真正服务于黄河流域甘肃段综合治理和高质量发展实践还需要解决诸多问题。

8.1 存在的问题

8.1.1 全流域大尺度研究体系尚不完整

受气候变化和水利水保措施等人类活动的影响,黄河干流甘肃段的水沙呈现减少趋势,应用该流域内较为完善的水文资料,结合水利工程和水土保持措施等相关数据,定量定性分析了水利水保措施的减水减沙效应。但目前对于典型流域的研究已经比较系统完善,而从全流域大尺度来看,因水文测验数据不完善,个别站点资料系列存在数据缺失、年限短等影响,使研究受到较大限制。从研究成果来看,目前不同学者因学术背景和工作经历不同,实践研究中对于降雨径流泥沙关系的内涵认识不同,采用的方法体系不一。

8.1.2　流域降雨径流输沙关系研究方法仍需完善

日前,在黄河干流甘肃段的降雨径流输沙关系研究中,已经取得了比较多的研究成果,但是相关研究方法还需进一步优化完善。一方面,不同的河流湖泊因水体类型不同,研究方法还没有显著差异。另一方面,在全流域大尺度背景下,不同流域受气候变化和水利水保措施等人类活动的影响强度不同,具体研究还需进一步细化。同时,在不同流域,大量学者纷纷采用不同的计算方法进行降雨径流输沙关系研究,相关研究仍处于不断探索中。

8.1.3　研究与实际管理衔接仍有难度

在流域综合治理和高质量发展实践工作中,降雨径流输沙关系研究是一项重要的基础性工作,对于目前国内流域管理机构来说,直接将相关研究运用到实践工作中还存在一定难度。首先,国内外关于降雨径流输沙关系研究方面,目前还缺少相关法律制度基础;其次,在我国大部分流域中,因当前相关研究受基础数据和技术因素限制,实际水务工作执行方面想要制定等级差异的管理制度体系还存在一定的难度,工作人员的技术能力还需进一步提升。因此,目前在黄河流域甘肃段的降雨径流输沙关系研究中,还缺乏相应的制度体系,在技术上受限较大,这使得基础研究与实际管理方面衔接存在一定难度。

8.2　研究展望

近十年来,尤其是在推动黄河流域综合治理和高质量发展背景下,2023年4月《中华人民共和国黄河保护法》开始施行,我国在黄河流域降雨径流输沙关系研究方面已经开展了大量探索工作,值得指出的是,目前相关技术方法不断丰富完善,比如遥感的广泛应用,为全流域大尺度的研究提供了技术支持,相关研究技术方法也在实践中不断优化完善,但短期内还难以在全流域广泛推广适用,形成普遍认可并采用的统一技术方法手段。目前,在我国流域降雨径流输沙关系研究和实践中应当注意解决以下问题:

(1)黄河干流甘肃段的降雨、径流、输沙基础研究和黄河干流甘肃段下垫面的基础研究需要进一步夯实,以更加翔实完善的数据来呈现黄河干流甘肃段的降雨、径流、输沙等水文变化规律,这也为全流域大尺度的研究提供了坚实数据基础。

(2)基于遥感信息等技术方法的应用,为分析黄河干流甘肃段的植被覆盖情况,*NDVI* 与降水、径流和输沙的相关性分析,确定水土保持措施对流域水沙变化规律的影响等提供了有力可靠的工具。

(3)双累积曲线法、滑动 T 检验法、有序聚类法等方法在径流量和输沙量序列的突变点分析中进行应用,将研究期分为基准期和措施期,为下一步深入研究提供了新的思路。

(4)相关公式法、双累积曲线法和统计分析法等,为对比分析计算措施期水土保持措施的减水减沙效应等研究提供了新的思路,在后续的研究中还需进一步优化完善相关技术方法。

(5)采用非线性回归分析法建立拟合径流量、年输沙量与降水量、工程措施面积和林草措施面积的关系模型,分析计算降水和水保措施对水沙的贡献率,像这些新技术方法的应用为进一步深入研究奠定了基础。

参 考 文 献

[1]秦隆宇.基于不同水土保持措施下径流小区降雨与产流产沙关系研究[J].黑龙江水利科技,2018,46(11):51-54,206.

[2]许敏.大凌河流域不同治理措施对土壤抗冲性能的影响[J].中国水能及电气化,2018(1):55-59.

[3]黄晨璐,陈军武,黄维东,等.渭河上游水利水保措施的减水减沙效应分析[J].冰川冻土,2020,42(3):965-973.

[4]赵秀兰.祖厉河上游水沙变化及其对降水与水保措施的响应[D].兰州:甘肃农业大学,2020.

[5]李敏,张长印,王海燕.黄土高原水土保持治理阶段研究[J].中国水土保持,2019(2):1-4.

[6]胡晚枚,熊康宁,向廷杰,等.贵州喀斯特高原山地植物篱物种选择与试验示范[J].济南大学学报(自然科学版),2017,31(5):445-451.

[7]彭珂珊.黄土高原地区水土流失特点和治理阶段及其思路研究[J].首都师范大学学报(自然科学版),2013,34(5):82-90.

[8]康玲玲,张胜利,魏义长,等.黄河中游水利水土保持措施减沙作用研究的回顾与展望[J].中国水土保持科学,2010,8(2):111-116.

[9]王刚.黄土高原水土保持社会经济效益评价[D].西安:陕西师范大学,2007.

[10]杜蓓.青藏铁路格尔木至拉萨段水土流失现状及其控制研究[D].成都:西南交通大学,2005.

[11]MILLY P, BETANCOURT J, FALKENMARK M, et al. On critiques of " Stationarity is Dead: Whither Water Management?" [J]. Water Resources Research, 2015, 51(9): 7785-7789.

[12]LIN F, CHEN X, YAO H. Evaluating the use of Nash-Sutcliffe efficiency coefficient in goodness-of-fit measures for daily runoff simulation with SWAT[J]. Journal of Hydrologic Engineering, 2017, 22(11):05017023. 1-05017023. 9.

[13]ZHANG Y, ZHAO Q, CAO Z, et al. Inhibiting effects of vegetation on the characteristics of runoff and sediment yield on riparian slope along the lower Yellow River [J]. Sustainability, 2019, 11(13):3685.

[14]SHIKLOMANOV I A, SHIKLOMANOV A I. Climatic change and the dynamics of river runoff into the arctic ocean[J]. Water Resources, 2003, 30(6): 593-601.

[15]孙思奥,汤秋鸿.黄河流域水资源利用时空演变特征及驱动要素[J].资源科学,2020,42(12):2261-2273.

[16]张家骥.甘肃省黄河流域地下水资源评价及开发利用的探讨[J].甘肃科学学报,2001

(3):36-42.

[17]韩双宝,李甫成,王赛,等.黄河流域地下水资源状况及其生态环境问题[J].中国地质,2021,48(4):1001-1019.

[18]蔡燕,鱼京善,王会肖,等.黄河流域生态水文分区及优先保护级别[J].生态学报,2010,30(15):4213-4220.

[19]王雁,丁永建,叶柏生,等.黄河与长江流域水资源变化原因[J].中国科学:地球科学,2013,43(7):1207-1219.

[20]王尧,陈睿山,郭迟辉,等.近40年黄河流域资源环境格局变化分析与地质工作建议[J].中国地质,2021,48(1):1-20.

[21]胡彩虹,王纪军,柴晓玲,等.气候变化对黄河流域径流变化及其可能影响研究进展[J].气象与环境科学,2013,36(2):57-65.

[22]刘昌明,王红瑞.浅析水资源与人口、经济和社会环境的关系[J].自然资源学报,2003(5):635-644.

[23]张调风,朱西德,王永剑,等.气候变化和人类活动对湟水河流域径流量影响的定量评估[J].资源科学,2014,36(11):2256-2262.

[24]刘同超.黄河流域生态环境与经济发展耦合胁迫关系研究[J].人民黄河,2021,43(7):13-18,23.

[25]肖培青,吕锡芝,张攀.黄河流域水土保持科研进展及成效[J].中国水土保持,2020(10):6-9,82.

[26]王慧亮,秦天玲,严登华.黄河流域水问题发展态势、症结及综合应对[J].人民黄河,2020,42(9):107-111.

[27]王雅琪,赵珂.黄河流域治理体系中河长制的适配与完善[J].环境保护,2020,48(18):56-60.

[28]张红武,张罗号,景唤,等.山东对黄河流域生态保护和高质量发展的作用不可替代[J].水利水电技术(中英文),2021,52(1):1-21.

[29]刘雅丽,贾莲莲,张奕迪.新时代黄土高原地区淤地坝规划思路与布局[J].中国水土保持,2020(10):23-27.

[30]YWA B, SHUAI W, CONG W C, et al. Runoff sensitivity increases with land use/cover change contributing to runoff decline across the middle reaches of the Yellow River basin [J]. Journal of Hydrology,2021, 600.

[31]达朝媛.黄河中游水沙变化特征及其锐减原因分析[D].郑州:华北水利水电大学,2015.

[32]姚文艺,焦鹏.黄河水沙变化及研究展望[J].中国水土保持,2016(9):55-63,93.

[33]吕振豫.黄河上游区人类活动和气候变化对水沙过程的影响研究[D].北京:中国水利水电科学研究院,2017.

[34]李万志,刘玮,张调风,等.气候和人类活动对黄河源区径流量变化的贡献率研究[J].

冰川冻土,2018,40(5):985-992.

[35]HE Y, WANG F, MU X M, et al. Human activity and climate variability impacts on sediment discharge and runoff in the Yellow River of China[J]. Theoretical and Applied Climatology, 2017, 129(1-2): 645-654.

[36]赵阳,胡春宏,张晓明,等.近 70 年黄河流域水沙情势及其成因分析[J].农业工程学报,2018,34(21):112-119.

[37]李二辉,穆兴民,赵广举.1919—2010 年黄河上中游区径流量变化分析[J].水科学进展,2014,25(2):155-163.

[38]SHI H Y, WANG G Q. Impacts of climate change and hydraulic structures on runoff and sediment discharge in the middle Yellow River[J]. Hydrological Processes, 2015, 29(14): 3236-3246.

[39]王浩宇,贾雅娜,张玉柱,等.黄河流域末次冰消期以来古洪水事件研究进展[J].地理科学进展,2021,40(7):1220-1234.

[40]刘海霞,任栋栋.黄河流域生态保护与经济协调发展的现实之困及应对之策[J].生态经济,2021,37(7):148-153.

[41]韩建民,牟杨.黄河流域生态环境协同治理研究——以甘肃段为例[J].甘肃行政学院学报,2021(2):112-23,28.

[42]马龙,刘廷玺,马丽,等.气候变化和人类活动对黄河流域内蒙古段典型支流径流变化的贡献[J].水利水电技术,2014,45(11):18-23.

[43]周广胜,周莉,汲玉河,等.黄河水生态承载力的流域整体性和时空连通性[J].科学通报,2021,66(22):2785-2792.

[44]落全富,包为民,陈文波,等.黄河中上游流域水沙变异关系模型研究[J].水土保持通报,2021,41(2):156-161.

[45]杨程,李春光.宁夏黄河流域生态保护和高质量发展研究[J].中国水土保持,2021(5):10-14.

[46]闫世强.生态文明视域下黄河流域高质量发展研究[J].三晋基层治理,2021(4):5-9.

[47]柳莎莎.气候变化和人类活动对现代黄河输沙量影响的甄别[D].青岛:中国海洋大学,2013.

[48]张建云,向衍.气候变化对水利工程安全影响分析[J].中国科学:技术科学,2018,48(10):1031-1039.

[49]CHU H B, WEI J H, LI J Y, et al. Investigation of the relationship between runoff and atmospheric oscillations, sea surface temperature, and local-scale climate variables in the Yellow River headwaters region [J]. Hydrological Processes, 2018, 32(10): 1434-1448.

[50]于海鹏.利用历史资料订正数值模式预报误差研究[D].兰州:兰州大学,2016.

[51]BERIHUN M L, TSUNEKAWA A, HAREGEWEYN N, et al. Evaluating runoff and sediment responses to soil and water conservation practices by employing alternative

modeling approaches[J]. Science of the Total Environment, 2020, 747: 141118.

[52] WANG Z H, ZHANG F B, YANG M Y, et al. Effect of vegetation utilization on runoff and sediment production on grain-for-green slopes in the wind-water erosion crisscross region [J]. Chinese Journal of Applied Ecology, 2018, 29(12): 3907-3916.

[53] TU A, XIE S, YU Z, et al. Long-term effect of soil and water conservation measures on runoff, sediment and their relationship in an orchard on sloping red soil of southern China [J]. Plos One, 2018, 13(9): e0203669.

[54] ALI J M, D'SOUZA D L, SCHWARZ K, et al. Response and recovery of fathead minnows (Pimephales promelas) following early life exposure to water and sediment found within agricultural runoff from the Elkhorn River, Nebraska, USA[J]. Science of the Total Environment, 2018, 618: 1371-1381.

[55] MANTZOS N, KARAKITSOU A, HELA D, et al. Persistence of oxyfluorfen in soil, runoff water, sediment and plants of a sunflower cultivation [J]. Science of the Total Environment, 2014, 472: 767-777.

[56] SERRENHO A, FENTON O, MURPHY P N, et al. Effect of chemical amendments to dairy soiled water and time between application and rainfall on phosphorus and sediment losses in runoff[J]. Science of the Total Environment, 2012, 430: 1-7.

[57] IKEM A, ADISA S. Runoff effect on eutrophic lake water quality and heavy metal distribution in recent littoral sediment[J]. Chemosphere, 2011, 82(2): 259-267.

[58] MUFF J, SOGAARD E G. Electrochemical degradation of PAH compounds in process water: a kinetic study on model solutions and a proof of concept study on runoff water from harbour sediment purification [J]. Water Science and Technology, 2010, 61(8): 2043-2051.

[59] 曹永强,杨春祥,张丹,等.基于AWTP指数的辽宁省干旱规律时空分析[J].水力发电学报,2013,32(3):34-38.

[60] PONTIER H, WILLIAMS J B, MAY E. Progressive changes in water and sediment quality in a wetland system for control of highway runoff[J]. Science of the Total Environment, 2004, 319(1-3): 215-224.

[61] 廖慧,舒章康,金君良,等.1980—2015年黄河流域土地利用变化特征与驱动力[J].南水北调与水利科技(中英文),2021,19(1):129-139.

[62] MINVILLE M, BRISSETTE F, LECONTE R. Uncertainty of the impact of climate change on the hydrology of a nordic watershed[J]. Journal of Hydrology, 2008, 358(1-2): 70-83.

[63] LIANG J, WU K X, LI Y, et al. Impacts of Large-Scale Rare Earth Mining on Surface Runoff, Groundwater, and Evapotranspiration: A Case Study Using SWAT for the Taojiang River Basin in Southern China[J]. Mine Water and the Environment, 2019, 38(2): 268-

280.

[64] CHIEW F, YOUNG W J, CAI W, et al. Current drought and future hydroclimate projections in southeast Australia and implications for water resources management[J]. Stochastic Environmental Research & Risk Assessment, 2011, 25(4): 601-612.

[65] GITHUI F, MUTUA F, BAUWENS W. Estimating the impacts of land-cover change on runoff using the soil and water assessment tool (SWAT): case study of Nzoia catchment, Kenya[J]. Hydrological Sciences Journal-Journal Des Sciences Hydrologiques, 2009, 54 (5): 899-908.

[66] LABAT D. Evidence for global runoff increase related to climate warming[J]. Advances in Water Resources, 2004, 27(6): 631-642.

[67] 刘金玉. 沂河流域水沙变化及其对气候和土地利用的响应[D]. 济南: 山东师范大学, 2020.

[68] 何智娟, 黄锦辉, 潘轶敏, 等. 黄河流域生态系统特征及下游生态修复实践[J]. 环境与可持续发展, 2010, 35(4): 9-13.

[69] JIANG W, GAO W D, GAO X M, et al. Spatio-temporal heterogeneity of air pollution and its key influencing factors in the Yellow River Economic Belt of China from 2014 to 2019 [J]. Journal of Environmental Management, 2021, 296.

[70] YANG C, LV D T, JIANG S Y, et al. Soil salinity regulation of soil microbial carbon metabolic function in the Yellow River Delta, China[J]. Science of the Total Environment, 2021, 790.

[71] LIU C, LIU A, HE Y, et al. Migration rate of river bends estimated by tree ring analysis for a meandering river in the source region of the Yellow River[J]. International Journal of Sediment Research, 2021, 36(5): 593-601.

[72] GUO Y, WANG X J, LI X L, et al. Impacts of land use and salinization on soil inorganic and organic carbon in the middle-lower Yellow River Delta[J]. Pedosphere, 2021, 31 (6): 839-848.

[73] FENG L, XIA J B, LIU J T, et al. Effects of mosaic biological soil crusts on vascular plant establishment in a coastal saline land of the Yellow River Delta, China[J]. Journal of Plant Ecology, 2021, 14(5): 781-792.

[74] YU S Y, CHEN X, FANG Z, et al. Towards a precise timing of groundwater use in the lower Yellow River area during the late Bronze age: Bayesian inference from the radiocarbon ages of ancient water wells at the Liang'ercun site, north China[J]. Quaternary Geochronology, 2021, 66: 101214.

[75] LIU Y, WANG Y, JIANG E. Stability index for the planview morphology of alluvial rivers and a case study of the lower Yellow River[J]. Geomorphology, 2021(4): 107853.

[76] ZHAGN X, WANG G, XUE B, et al. Dynamic landscapes and the driving forces in the

Yellow River Delta wetland region in the past four decades [J]. Science of the Total Environment, 2021, 787(S2):147644.

[77] 冉大川,吴永红,李雪梅,等.河龙区间近期人类活动减水减沙贡献率分析[J].人民黄河,2012,34(2):84-86.

[78] 王鸿斌,刘斌,张志萍,等.黄河水土保持生态工程蓄水减沙作用分析——以泾河流域砚瓦川项目区为例[J].中国水土保持,2014(11):16-18.

[79] 夏军,彭少明,王超,等.气候变化对黄河水资源的影响及其适应性管理[J].人民黄河,2014,36(10):1-4,15.

[80] 王宏,蔡强国,朱远达.应用 EUROSEM 模型对三峡库区陡坡地水力侵蚀的模拟研究[J].地理研究,2003(5):579-589.

[81] 张小文,张世强,蔡迪花,等.黄土高原西部不同土地利用与土壤侵蚀的相互作用[J].兰州大学学报(自然科学版),2008(2):9-14.

[82] FE Ng X, WANG Y, CHEN L, et al. Modeling soil erosion and its response to land-use change in hilly catchments of the Chinese Loess Plateau[J]. Geomorphology, 2010, 118 (3-4): 239-248.

[83] 马龙,刘廷玺.黄河流域内蒙古段典型支流径流对气候变化的响应[J].灌溉排水学报,2014,33(6):122-126.

[84] HU J, MA J, NIE C, et al. Attribution Analysis of Runoff Change in Min-Tuo River Basin based on SWAT model simulations, China[J]. Scientific Reports, 2020, 10(1):2900.

[85] 张利平,陈小凤,赵志鹏,等.气候变化对水文水资源影响的研究进展[J].地理科学进展,2008(3):60-67.

[86] 於凡,曹颖.全球气候变化对区域水资源影响研究进展综述[J].水资源与水工程学报,2008(4):92-97,102.

[87] 夏军,刘春蓁,任国玉.气候变化对我国水资源影响研究面临的机遇与挑战[J].地球科学进展,2011,26(1):1-12.

[88] WANG L, LIU H L, BAO A M, et al. Estimating the sensitivity of runoff to climate change in an alpine-valley watershed of Xinjiang, China[J]. International Association of Scientific Hydrology Bulletin, 2016, 61(6):1069-1079.

[89] SCHNEEBERGER K, DOBLER C, HUTTENLAU M, et al. Assessing potential climate change impacts on the seasonality of runoff in an Alpine watershed[J]. Journal of Water & Climate Change, 2015, 6(2):263-277.

[90] SUN C, LI X, CHEN W, et al. Climate change and runoff response based on isotope analysis in an arid mountain watershed of the western Kunlun Mountains[J]. Hydrological Sciences Journal, 2017, 62(1-4):319-330.

[91] 于磊,顾鎏,李建新,等.基于 SWAT 模型的中尺度流域气候变化水文响应研究[J].水土保持通报,2008(4):152-154,201.

[92]贾仰文,高辉,牛存稳,等.气候变化对黄河源区径流过程的影响[J].水利学报,2008(1):52-58.

[93]李志,刘文兆,张勋昌,等.未来气候变化对黄土高原黑河流域水资源的影响[J].生态学报,2009,29(7):3456-3464.

[94]兰跃东,康玲玲,董飞飞,等.汾河流域气候变化及其对径流影响探讨[J].水资源与水工程学报,2012,23(2):70-72,76.

[95]张国宏,王晓丽,郭慕萍,等.近60 a黄河流域地表径流变化特征及其与气候变化的关系[J].干旱区资源与环境,2013,27(7):91-95.

[96]徐浩杰,杨太保,张晓晓.近50年来疏勒河上游气候变化及其对地表径流的影响[J].水土保持通报,2014,34(4):39-45,52.

[97]贺瑞敏,张建云,鲍振鑫,等.海河流域河川径流对气候变化的响应机理[J].水科学进展,2015,26(1):1-9.

[98]李澜,丁文荣.龙川江上游径流量变化及其对气候变化的响应[J].水土保持研究,2016,23(4):83-88,93.

[99]高超,陆苗,张勋,等.淮河流域上游地区径流对气候变化的响应分析[J].华北水利水电大学学报(自然科学版),2016,37(5):28-32.

[100]张连鹏,刘登峰,张鸿雪,等.气候变化和人类活动对北洛河径流的影响[J].水力发电学报,2016,35(7):55-66.

[101]卢璐,王琼,王国庆,等.金沙江流域近60年气候变化趋势及径流响应关系[J].华北水利水电大学学报(自然科学版),2016,37(5):16-21.

[102]赖天锃,张强,张正浩,等.人类活动与气候变化对东江流域径流变化贡献率定量分析[J].中山大学学报(自然科学版),2016,55(4):136-145.

[103]许炯心,孙季.近50年来降水变化和人类活动对黄河入海径流通量的影响[J].水科学进展,2003(6):690-695.

[104]王云璋,康玲玲,王国庆.近50年黄河上游降水变化及其对径流的影响[J].人民黄河,2004(2):5-7,46.

[105]杨志峰,李春晖.黄河流域天然径流量突变性与周期性特征[J].山地学报,2004(2):140-146.

[106]代稳,吕殿青,李景保,等.气候变化和人类活动对长江中游径流量变化影响分析[J].冰川冻土,2016,38(2):488-497.

[107]张利平,于松延,段尧彬,等.气候变化和人类活动对永定河流域径流变化影响定量研究[J].气候变化研究进展,2013,9(6):391-397.

[108]田清,王庆,战超,等.最近60年来气候变化和人类活动对山地河流入海径流、泥沙的影响——以胶东半岛南部五龙河为例[J].海洋与湖沼,2012,43(5):891-899.

[109]傅开道,王波,黄启胜,等.流沙河气候变化与人类活动导致的泥沙变化[J].兰州大学学报(自然科学版),2008,44(6):19-24.

[110]刘通,黄河清,邵明安,等.气候变化与人类活动对鄂尔多斯地区西柳沟流域入黄水沙过程的影响[J].水土保持学报,2015,29(2):17-22.

[111]柳莎莎,王厚杰,张勇,等.气候变化和人类活动对黄河中游输沙量影响的甄别[J].海洋地质与第四纪地质,2014,34(4):41-50.

[112]胡云华,冯精金,王铭烽,等.气候及下垫面变化对嘉陵江流域径流与输沙的影响[J].中国水土保持科学,2016,14(4):75-83.

[113]达兴,岳大鹏,梁伟,等.气候变化和人类活动对丹江流域泥沙变化影响的定量分析[J].江西农业学报,2016,28(9):102-106,118.

[114]Langbein L B, Schumm S A. Yield of Sediment in Relation to Mean Annual Precipitation[J]. Transactions, American Geophysical Union, 1958, 39, 1076-1084.

[115]张长伟,郑艳霞,王一峰,等.香溪河流域降雨产沙分形关系及前期有效降雨计算[J].长江科学院院报,2015,32(3):121-124.

[116]李勇,董雪娜,张晓华,等.黄河水沙变化特性研究[M].郑州:黄河水利出版社,1999.

[117]刘春蓁,刘志雨,谢正辉.近50年海河流域径流的变化趋势研究[J].应用气象学报,2004(4):385-393.

[118]赵娟.基于VAR模型的典型流域水沙变化及其对降水与水土保持措施的动态响应[D].杨陵:西北农林科技大学,2019.

[119]吴黎.基于温度植被干旱指数的黑龙江省旱情动态研究[J].干旱地区农业研究,2017,35(4):276-282.

[120]杨秀海,卓嘎,罗布.基于MODIS数据的西北地区旱情监测[J].草业科学,2011,28(8):1420-1426.

[121]HIGHFILLl R E. Modern terrace systems[J]. Journal of Soil & Water Conservation, 1983, 38(4):336-338.

[122]KWAAD F J P M, ZIJP M V D, DIJK P M V. Soil conservation and maize cropping systems on sloping loess soils in the Netherlands[J]. Soil and Tillage Research, 1998, 46(1-2):13-21.

[123]SHARDA V N, JUYAL G P, SINGH P N. Hydrologic and sedimentologic behavior of a Conservation Bench Terrace system in a sub-humid climate[J]. Transactions of the Asae, 2002, 45(5):1433-1444.

[124]熊运阜,王宏兴,白志刚,等.梯田、林地、草地减水减沙效益指标初探[J].中国水土保持,1996(8):10-14,59.

[125]冉大川,柳林旺,赵力仪,等.黄河中游河口镇至龙门区间水土保持与水沙变化[M].郑州:黄河水利出版社,2000.

[126]MEYER L D, DABNEY S M, MURPHREE C E, et al. Crop production systems to control erosion and reduce runoff from upland silty soils[J]. Transactions of the Asae,

1999,42(6):1645-1652.

[127]穆兴民,王万忠,高鹏,等.黄河泥沙变化研究现状与问题[J].人民黄河,2014,36
(12):1-7.

[128]夏智宏,刘敏,王苗,等.1990s以来气候变化和人类活动对洪湖流域径流影响的定量
辨识[J].湖泊科学,2014,26(4):515-521.

[129]TU Zhihua, et al. Estimating the sensitivity of annual runoff to changes in climate and
land use in the Loess Plateau, China[J]. Journal of Soil & Water Conservation, 2014.

[130]YUAN Yuzhi, ZHANG Zhengdong, MENG Jinhua. Impact of changes in land use and
climate on the runoff in Liuxihe Watershed based on SWAT model[J]. The journal of
applied ecology,2015,26(4):989-998.

[131]赵阳,胡春宏,张晓明,等.近70年黄河流域水沙情势及其成因分析[J].农业工程学
报,2018,34(21):112-119.

[132]张波,牟建新,徐璐,等.基于MODISEVI的陇南山地植被覆盖时空变化[J].中国农
学通报,2017,33(26):70-77.

[133]杨子生.论水土流失与土壤侵蚀及其有关概念的界定[J].山地学报,2001,19(5):
436-445.

[134]王礼先,孙保平,余新晓.中国水利百科全书:水土保持分册[M].北京:中国水利水
电出版社,2004.

[135]刘晓敏.水土保持工程的技术措施分析[C]//《建筑科技与管理》组委会.2014年8
月建筑科技与管理学术交流会论文集.北京:北京恒盛博雅国际文化交流中心,
2014:61,113.

[136]刘定辉,李勇.植物根系提高土壤抗侵蚀性机理研究[J].水土保持学报,2003,17
(3):34-37.

[137]李子君,周培祥,毛丽华.我国水土保持措施对水资源影响研究综述[J].地理科学进
展,2006(4):49-57.

[138]郝建忠.黄丘一区水土保持单项措施及综合治理减水减沙效益研究[J].中国水土保
持,1993(3):30-35,65-66.

[139]焦菊英,王万忠.人工草地在黄土高原水土保持中的减水减沙效益与有效盖度[J].
草地学报,2001(3):176-182.

[140]王健,吴发启,孟秦倩.农业耕作措施蓄水保土机理分析[J].中国水土保持,2005
(2):13-15,54.

[141]吴发启,张玉斌,王健.黄土高原水平梯田的蓄水保土效益分析[J].中国水土保持科
学,2004(1):34-37.

[142]李宏伟,陈增奇,郝咪娜,等.浙江省水土保持措施对水资源的影响[J].中国人口·
资源与环境,2014,24(S2):317-319.

[143]华荣祥,张富,田青,等.甘肃省水土保持措施的综合效益分析[J].水土保持通报,

2012,32(2):211-214.

[144]刘忠,李保国.退耕还林工程实施前后黄土高原地区粮食生产时空变化[J].农业工程学报,2012,28(11):1-8.

[145]闫慧敏,刘纪远,黄河清,等.城市化和退耕还林草对中国耕地生产力的影响[J].地理学报,2012,67(05):579-588.

[146]张晶.水土保持综合治理效益评价研究综述[J].水土保持应用技术,2015(4):39-42.

[147]赵映东.黄河甘肃段干支流输沙情况及治理保护建议[J].中国水利,2019(23):56-58.

[148]水利部黄河水利委员会.黄河年鉴[M].郑州:水利部黄河水利委员会黄河年鉴社,1995:464-467.

[149]顾文书.黄河近年来水沙变化情况以及龙羊峡和刘家峡两大水库在黄河治理开发中所起的作用[J].水力发电学报,1994(1):1-6.

[150]金梅.推动区域协同创新促进甘肃黄河文化旅游带高质量发展[J].甘肃政协,2020(2):53-57.

[151]王汉卿,王启优,张春林,等.甘肃省重点流域地表水资源量时间序列趋势变化研究[J].水利规划与设计,2019(10):30-34.

[152]杨娣.石羊河流域各雨量站不同频率年降水量分析计算[J].甘肃水利水电技术,2015,51(6):7-11,46.

[153]张文春.疏勒河干流中上游径流量变化趋势研究[J].地下水,2019,41(2):155-156,211.

[154]程建民,陈永娟.梨园河流域水文资料插补延长方法研究[J].水利规划与设计,2016(3):22-25,43.

[155]吴晓.庄浪河流域各乡镇降水蒸发情况分析研究[J].甘肃水利水电技术,2019,55(6):13-17.

[156]赵秀兰,周蕊,张富,等.1957—2016年祖厉河上游降水与水沙变化趋势[J].水土保持研究,2020,27(3):83-90.

[157]邵信莲.东大河沙沟寺站不同保证率的年平均流量分析[J].甘肃水利水电技术,2017,53(4):19-21.

[158]陈一明,何子杰,贾月,等.基于小波变换的径流与降水时频变化及相关性分析——以五郎河为例[J].中国农村水利水电,2017(10):13-17,22.

[159]张信宝,文安邦.长江上游干流和支流河流泥沙近期变化及其原因[J].水利学报,2002(4):56-59.

[160]远立国,刘玉河,乔光建.滦河口入海沙量锐减对湿地生态环境影响[J].南水北调与水利科技,2011,9(4):109-112,116.

[161]汪丽娜,穆兴民,张晓萍,等.黄河流域粗泥沙集中来源区径流及输沙特征分析[J].

干旱区资源与环境,2008(10):60-65.

[162]王文.应用泥沙资料分析看水土流失治理效果[J].水土保持应用技术,2007(4):30-32.

[163]刘晓燕,高云飞,王富贵.黄土高原仍有拦沙能力的淤地坝数量及分布[J].人民黄河,2017,39(4):1-5,10.

[164]周月鲁.淤地坝是黄土高原地区全面建设小康社会的战略性措施[J].中国水利,2003(17):11-15.

[165]刘晓燕,高云飞,马三保,等.黄土高原淤地坝的减沙作用及其时效性[J].水利学报,2018,49(2):145-155.

[166]高云飞,郭玉涛,刘晓燕,等.黄河潼关以上现状淤地坝拦沙作用研究[J].人民黄河,2014,36(7):97-99.

[167]楚楚,任立新,任立清.黄河兰州水文站天然径流量还原计算方法探讨[J].甘肃水利水电技术,2020,56(9):4-7.

[168]王婷,周恒,苏加林,等.黄河刘家峡水库坝前沙坝对水沙和水库调度的响应研究[J].西北水电,2021(5):17-20,25.

[169]乐茂华,李永清,付廷勤,等.黄河刘家峡水库洮河口排沙洞运行效果及库区河道响应[J].泥沙研究,2021,46(2):29-34.

[170]陈建波.数据融合方法在城市遥感监测中的应用研究[D].呼和浩特:内蒙古师范大学,2017.

[171]许宏健,郎博宇,张雪,等.基于landsat8数据的植被覆盖度遥感估算[J].现代化农业,2020(11):43-45.

[172]付晓晨,刘义.基于农业遥感技术的垦区水稻长势动态监测研究[J].现代化农业,2021(1):61-62.

[173]温庆可,张增祥,刘斌,等.草地覆盖度测算方法研究进展[J].草业科学,2009,26(12):30-36.

[174]吴青云,高飞,李振轩,等.Sentinel-2A与Landsat8数据在植被覆盖度遥感估算中的比较[J].测绘通报,2021(S1):104-108,113.

[175]綦俊谕,蔡强国,蔡乐,等.岔巴沟、大理河与无定河水土保持减水减沙作用的尺度效应[J].地理科学进展,2011,30(1):95-102.

[176]蒋凯鑫,于坤霞,曹文洪,等.黄土高原典型流域水沙变化归因对比分析[J].农业工程学报,2020,36(4):143-149.